Think Like an Architect

像建筑师一样思考

著／〔美〕豪·鲍克斯　　译／王靖硕

北京科学技术出版社

Originally published as Think Like an Architect.

Copyright © 2007 by the University of Texas Press.

All rights reserved.

Simplified Chinese Copyright © 2021 by Beijing Science and Technology Publishing Co.,Ltd.

著作权登记号　图字：01-2018-3871

图书在版编目（CIP）数据

像建筑师一样思考 /（美）豪·鲍克斯著；王靖硕
译 . — 北京：北京科学技术出版社，2021.11
　　书名原文：Think Like an Architect
　　ISBN 978-7-5714-1315-6

　　Ⅰ . ①像… Ⅱ . ①豪… ②王… Ⅲ . ①建筑学—通俗
读物 Ⅳ . ① TU-0

中国版本图书馆 CIP 数据核字 (2021) 第 006131 号

策划编辑：陈　伟
责任编辑：陈　伟
责任校对：贾　荣
责任印制：李　茗
封面设计：酸　酸
内文制作：北京八度出版服务机构
出 版 人：曾庆宇
出版发行：北京科学技术出版社
社　　址：北京西直门南大街 16 号
邮政编码：100035
电　　话：0086-10-66135495（总编室）
　　　　　　0086-10-66113227（发行部）
网　　址：www.bkydw.cn
印　　刷：河北鑫兆源印刷有限公司
开　　本：710 mm×1000 mm　1/16
字　　数：244 千字
印　　张：16
版　　次：2021 年 11 月第 1 版
印　　次：2021 年 11 月第 1 次印刷
ISBN 978-7-5714-1315-6

定　　价：75.00 元

前　言

　　如果你想建一座建筑，而非仅仅一栋房子，那么你可以有三种选择：雇一位建筑师，成为一位建筑师，或者学会像建筑师一样思考。本书涵盖了以上这三个方面，它并非只是写给建筑学专业的学生、施工员、开发商、建筑委员会成员、建筑学专业教职人员和建筑师，同时也是写给那些想要成为建筑师的人。本书关注的是一个人如何能通过建筑投资获得最大回报，如何让自己的生活过得更加优雅。

　　我的写作意图是与读者交流一些方法，告诉人们在进行建筑设计时必须注意的问题，而这些问题正是未来将栖居于这些建筑物中的人为了提高生活质量、改善周围环境所不容忽视的。

　　多年以来，我反复在谈论与建筑相关的问题。为了写作这本书，我曾给友人、同事及读者写过很多信件，探讨建造建筑的程序。这些信述说了我们对于建筑的期许和热望的实现，同时也勾勒了建筑发展至今的历史演变历程。此外，我在信中还介绍了一些理解和创造建筑的方法，提供了许多好的创意，而这些知识正是创造更好的建筑设计方案所需的。

　　此外，通过本书所提供的阅读书目和参观列表，读者对建筑艺术的探索可以无限外延。这些书目和列表可以提供一些方法，帮助人们从更广阔的视野出发，并根据实际经验，深入、理性、技术性以及艺术性地探索建筑——这正是建筑带给人的真正快乐。

目 录

第
一
部
分

场
所

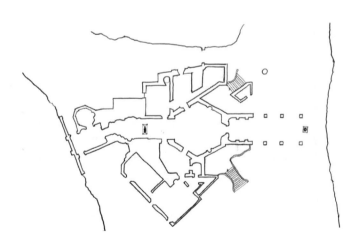

第一章 热 望

在我们梦想的那片远方土地上，每个人都是自己的建筑师。

——罗伯特·布朗宁（1812—1889），英国维多利亚时期诗人

亲爱的马丁：

当你在绘画课上告诉我们说，我们需要实地去参观一座建筑，学会欣赏它时，我并未意识到建筑带给人个体性的、实时的、真实的体验感，其实揭示着艺术的本质。我知道，对你的意识影响最大的因素就是你对建筑的真实体验，甚至超过了设计、结构、精神内涵和房地产。并且最重要的是，它也影响了你的生活方式——不管是好是坏。确实，你的生活品质很大程度上取决于建筑和城市规划的艺术性如何塑造了你生活的物理环境。设计所创造的优雅是金钱所不能衡量的。我无法通过这封信向你传达我对一座建筑作品的感受，不过我会略举两个例子，说明我是如何体验这两个独特的场所的。

在与一位寻找温泉疗养院的客户在墨西哥中部地区考察时，有一天我和妻子

风景、结构和玻璃之间的透明与模糊。卡萨·帕尼，库埃纳瓦卡，墨西哥，1986年。

从内到外的空间幻觉。卡萨·帕尼，库埃纳瓦卡，墨西哥，1986年。

应邀去参观一处房产项目。我们之所以会对它感兴趣，是因为房子的布局及最新的降价信息。长日将尽之际，我们把车子驶离主街，开进林木夹道、地上铺有拼花石块的快车道，穿过一座古老的大门。驶入大门后，眼前的建筑和景致令人叹为观止。精雕细琢的室内装饰和户外空间，整座建筑与四周环境相互穿插、浑然一体。整座房子是按墨西哥著名现代主义大师路易斯·巴拉甘（Luis Barragan）的风格建造的，它是如此成功，就连查理斯·摩尔（Charles Moore）——20世纪最重要的建筑师之一——都忍不住带着赞赏的眼光踱步其间，打量这与建筑完美融合的超凡景致，禁不住感叹："弗兰克·劳埃德·赖特（Frank Lloyd Wright），伤心去吧！"

仅仅从花园望去，可以看到建筑的立面由灰泥墙和巨大的平板玻璃组成，阳光透过葱郁的花木洒落其上。房子建在一座热带常绿花园中，成串的喷泉、池塘、小溪散布其中，让人很难分清哪里是室内、哪里是室外。建筑物之间的过渡空间也很模糊，开口十分宽敞，仿佛整座房子并不存在似的，似乎拒绝让人拍下其真实面貌。整座建筑是全透明的，仅用几堵墙来调整空间。纯粹的现代主义风格与各种复古的欧式风格以某种方式结合在一起，效果似乎不错。整个建筑、花园及室内装修都是由墨西哥著名室内设计师阿尔图罗·帕尼（Arturo Pani）设计的。这是我们至今所见过的最美的房子。虽然它并不大，却比那些历史豪宅更吸引我们——因为在这世上它是一个充满魔力的地方，能够实现我们所能想到的每一个愿望。

心血来潮之下，我的不动产执行官——我妻子——决定以售价的一半买下这座房子。售房者却对我们的出价付之一笑，于是我们只好在非常享受地参观完这个神奇之地后离开了。不过半个月后，卖方接受了我们的出价，然后我们的异国新生活开始了，尽管我们连当地的语言都还不会讲。

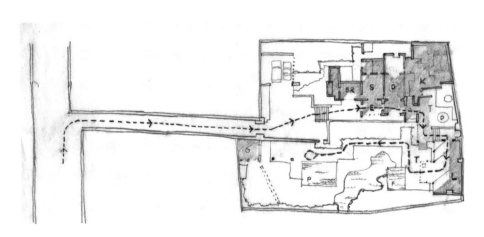

卡萨·帕尼的房子和花园的平面示意图。库埃纳瓦卡，墨西哥，1986年。

这是在四百年前的建筑上增加的部分。德·塞克罗门特，阿美卡美卡，墨西哥，1524年。

我们一路体验着永恒的中美洲地区的西班牙-墨西哥文化，开着崭新的墨西哥汽车驰骋于帕索柯尔特地区，在两座大火山之间寻找建于16世纪的西班牙修道士的教堂。在阿美卡美卡村庄，科尔特斯曾在此地为他的一小支朝阿兹特克进发的军队做弥撒。我们盘绕式地爬上了一个小山头，俯瞰村庄以寻找塞克罗门特朝圣的小教堂。这个神圣之地过去曾是弗雷·马丁·瓦伦西亚（Fray Martin de Valencia）用来沉思冥想的洞穴——1524年，他作为新大陆最早的修道士抵达此地。随着这个洞穴的重要性日益凸显，村庄里的人建造了一个门廊，使得洞穴的入门更加明显，在之后的3个世纪里，随着宗教活动空间的大规模增加，洞穴不断被拓展。

随着时间的流逝，洞穴从最初的几种风格，到后来的六边形圆屋顶，最终定格为19世纪建造的与众不同的前院门廊风格。我们被这时间与岩石共同塑造的独特建筑物所深深吸引。

在教堂前的一个商贩那里，我们买了一听啤酒和一个玉米面豆卷。沁凉的啤酒和温热的布满嫩煎南瓜花的蓝色玉米面豆卷，使我在此地居住的决心更加坚定和强烈。我感觉自己和这些建筑物的关系是如此之近，内心充满了好奇。几个月内，我便组织了一支由地球环境监察志愿者组成的队伍，我们利用精准的绘画和照片记录下这座教堂——这是墨西哥全国各地诸多此类地点中的第一个，而接下来的12个夏天，我们都在忙于此项工作。

我已经发现了一种欣赏建筑艺术的新方法——从土制洞穴到现代主义风格——永恒的劳动者们接连不断地为世人留下了不朽的杰出建筑，也提出了今天我们建筑师所正在思考的问题。

所有的建筑都必须由建筑师来设计吗？非建筑师的新西班牙修道士以及中美洲地区的土著石雕工匠们在借鉴他们所熟悉的建筑物的基础上，凭借自身所能掌握的建筑技术和在某处能够获得的建筑材料，创造了许多令人瞩目且卓有成效的建筑作品。村庄附近的这些美观大方的建筑物均为就地取材，用泥土和风干砖坯垒建而成，拥有独一无二的形式和结构，毫无疑问它们是由非建筑师所造。这些建筑作品均出自那些平日制作未经发酵的玉米饼的普通劳动者之手，但是这些墙体的生命力和高贵典雅却是永恒的。

当我意识到这个村庄里的建筑物和现代都市里的大多数建筑物都是由非建筑师所建造时，我异常清醒地明白了一个简单的事实，即世上全部的建筑物中仅有5%是出自职业建筑师之手。

从具有遮蔽保护功能的门廊下面看阿美卡美卡城镇和远山。德·塞克罗门特，阿美卡美卡，墨西哥。

　　我已经认识到，我曾认为是那些美轮美奂的5%的建筑物促使我意识到我已把自己职业生涯里的大部分时间用来教导年轻人要成为职业建筑师。我签过数以百计的证书，但却从未接触实际中正在设计余下95%的建筑物的人。或许他们在商学院和工学院穷其一生，或许工作于社会中的各行各业，为人们简单地建造满足其所需的建筑设施。这余下的95%的现实，才刚刚被我们所了解。

　　为了改善建筑环境，现在正忙于建设的非建筑师们必须学习更多的建筑知识，并且保持对建筑的满腔热忱。过去，在建筑院校深造和取得职业资格许可之

通过洞穴，地下室、避难所和门廊的剖面图。德·塞克罗门特，阿美卡美卡，墨西哥。

平面设计图。德·塞克罗门特，阿美卡美卡，墨西哥。

前，营造商都要接受学徒制培训，并在此过程中学习建筑技艺；他们还要从前辈
工匠的作品中深入领会一些东西，而这些作品则是工匠们不辞辛劳地穿行欧洲，
向建筑大师们学习后所遗留下来的那个时代的伟大建筑。他们的建筑工艺也就是
使用石头、砖块和木材。更早一些的时候，使用的则是泥巴和芦苇，后来则使用
钢铁、玻璃及早期的混凝土形式。今天，建筑师可以使用的建筑材料极为丰富，
包括低廉的、人工仿制的、合成的等各种材料。正因如此，现在的非建筑师建设
者的任务更为复杂：熟悉新材料，满足快速施工且经济节约的要求，克服本国缺
乏好的建筑参照的缺陷，等等。因此，现在的建设者与过去的建设者的不同之处在
于，过去有已经被认真研究过的可供借鉴的优秀范式，而且人们的关注点主要集中
于建筑质量。我相信，从事商业和建筑设计的非建筑师建设者，如果对建筑艺术充
满渴望而且注重细节，那么他们必定会因为高质量的施工使得建造的产品在市场上
占得有利的竞争地位且获得回报——这是一个最好的动力。而本书则可视为这一过
程的起点。

街道的空间由住宅的墙面和街道边的商店构成。圣米格尔·德·阿连德，墨西哥，2000年。

人类最原始的需求是建造能够遮风避雨的栖身之所。要把建筑当作艺术来设计，则须始终保持对美的追求，这点应成为我们考虑问题的核心。正如我在前言中所说，想要建一座建筑，而非仅仅是盖一座楼，那么可以有三种选择：雇用一位建筑师，自己成为一位建筑师，或者学会像建筑师一样思考，在进行建筑设计时将之视为一种艺术，做一个满怀热忱、见多识广的参与者。

当我告诉身为物理学教授的父亲，自己已决定要成为一位建筑师时，他正在垒砖块。他把目光从手头的工作上移开，问我："你知道古希腊建筑的式样和柱式（多立克柱式、爱奥尼亚柱式、科林斯柱式）吗？"我说不知道，然后走开了，我去找到一本大百科全书来看。在15岁之前，我甚至还没见过一座可以称得上艺术的建筑物，也不认识一位建筑师。我只是喜欢绘画和动手做一些东西。但我绝不回头，我对建筑艺术的追求痴心不改。

我并不是孤身一人。最近一项对美国15岁男孩进行的调查显示，有25%的受调查男孩希望长大后成为建筑师。各个年龄段的人都告诉我，他们曾想做一位建筑师，但却由于种种原因不得不放弃了原来的梦想。

在一次电视访谈节目中，詹姆斯·利普顿（James Lipton）向刚刚获得奥斯卡最佳男主角奖的迈克尔·凯恩（Michael Caine）提问，如果当初不进入演艺圈，他会选择往哪个方向发展。凯恩回答道："如果不做演员，我想我现在已经是一位建筑师了。"

那么，我们如何理解对建筑艺术的兴趣呢？体验建筑艺术会让人兴奋——它能激发只有艺术作品才能带给我们的激情。我们喜欢建造一些东西，也喜欢绘画。许多人乐于设计方案并构想建造方式。我们做梦、幻想设计和制造物品。我们喜欢学习知识，当艺术家，把复杂的组织聚集在一起。人们对建筑艺术有一种好奇心理——渴望亲自体验建筑艺术，期望建筑是超乎寻常的，将其作为一件艺术品来理解；将其视作一个故事牢记于心；感受建筑与自己的生命融为一体的那种激动。这是一种从无到有的创造方法，一种以令人满意的方式将事物变得规范有序的方法。这种方法有助于改善人们的生活方式。建筑是一种回报你和社会的艺术。

如果你想成为一个职业建筑师，那么你一定能做到。这个职业的确令人热血

房屋坐落于草坪之中，一条大道从草坪中穿过。美国住宅区的道路。

沸腾。你可以做一个狂热的爱好者——对美好的建筑满怀激情，对设计却毫无兴趣；或者可能你是一个建筑学学者——就像历史学者喜欢研究美国内战史那样沉醉于建筑艺术——甚至可能把这种兴趣扩展到博士研究中去。

　　而我，则把自己职业生涯的一半时间奉献给了职业建筑师教育事业。因为我一直坚信，这种事业能有利于创造更好的建筑艺术和建设更好的城市。但是，当我成为一个名誉退休教授，移居到一个拥有450年历史的墨西哥山村时，我对建筑有了一个新的认识。

　　我现在居住的山村由大量完整的建筑物组成，而它们并非由职业建筑师所建造，它们从许多18世纪的宗教和公共建筑上借鉴并形成了自己独特的建筑特色。当地人快活的生活方式从视觉上是令人满意的，而这种固有的建筑艺术正是建立在承载这种生活方式的传统之上。

　　这是一个不同的世界。很明显，在所有从事建筑设计的人中，我教授过的只是很少一部分。因为客观事实是，没有专业学位和证书的非建筑师，却建造了美国几乎所有的建筑物，可能世界其他地方的建筑物也是他们的作品。虽然人们很少承认非建筑师的重要性，但显而易见他们才是建造建筑物和城市的主力。

一些非建筑师在建造建筑物时往往更胜一筹，而其他的建筑师则建造更优质的建筑物出售以获取报酬。他们生产有价值的产品，他们的专业背景也不同，主要来自工程学专业。那些渴望建造建筑物而非仅仅盖一座楼房的人具有业余爱好者或者说业余人士（amateur）的可贵品质。这里，我使用的是"业余人士"的原始意义。法语中的"amare"，意为"喜欢、热爱"，是"amateur"一词的词根。amateur，意即"喜欢某项活动的人"，是本书的关键词，因为如果你想把建筑做好，就必须热爱它，这绝对是一个褒义词，在这里没有任何贬义。我认为，非专业人士虽然没有建筑学专业学位和证书，但是他们热爱建筑的精神是做好建筑最重要的因素。

鉴于非专业人士角色的重要性，著名历史学者丹尼尔·鲍斯汀（Daniel Boorstin）以不容置疑的口吻论及"非专业人士精神"。他说道："奖赏、解放思想及艺术都来自第一次敢于尝试的勇气，敢于尝试一切事情。一个潜心的非专业人士不必是一个天才，不必墨守陈规……从长远来看，不合时宜的规矩总会被抛弃，富于冒险精神的非专业人士会给我们带来意想不到的惊喜，这是他们给我们的最好奖赏。"

显然，帮助非专业人士学习建筑学知识，值得我们倾注心力。我希望通过本书，让有洞察力的非专业人士获取知识和信心，鼓励他们为改善环境而努力。我和建筑师们共事了大半生，我想把自己的一些想法也分享给他们。

我希望从一个职业建筑师和建筑系主任的视角，并以自己曾是那些梦想成为建筑师的15岁孩子们中的一个为背景，一一展开这些话题。

第二章　梦与见

你的生活方式是你最后的底线。

——我在得克萨斯大学校园中无意听到的，2011年

亲爱的格雷戈里：

　　当你问我"我们如何在想象和现实中体验建筑艺术"时，你指出了建筑学的一个基本问题。当然，在我们能欣赏所见之景前，是我们的感官在起作用，我们能够从关于这座建筑的信息、它的安置情况，以及设计师对它的期望中获得更为全面的体验。

　　梦想出现了。从很小的时候，你就开始做梦了。在沙滩上挖洞，在游戏室的地面上用坐垫、枕头和席子修筑堡垒。你在制作你所能看到的、感触到的、也许是听到的各种空间的形状。当你浏览图书和杂志时，你可能想象出一座梦想中的房子。当你凝视任何一座建筑工程时，你的梦想和想象便张开了翅膀。梦想是不可或缺的。梦想着去参观某个地方能促使你采取行动。决定成为一位建筑师的梦

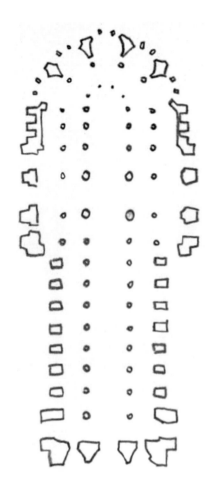

平面图：法国兰斯大教堂，展示了它的主体结构，约400—1300年。

剖面图：兰斯大教堂的正殿，展示了连接正殿和两边过道的穹顶对角拱柱。

想，就像是在表达个人某种强烈的、想要使某些事情发生的渴望。

梦想，从学科意义上来讲，是可以看得见的——它是设计和建筑的钥匙。在梦想和建筑物之间需要技巧和知识，但是，首先并且往往你必须把注意力集中在梦想上。梦想是你需要努力的最重要的部分。你是否观察过孩子们画画？他们经常以一种简单的形式，在适当的位置用合适的绘图法画出一座房子或教堂。孩子们的想象力很丰富；他们使用纸板箱构建出空间，把自己或他们的朋友装进去。

哥特式建筑的雕塑和围栏的结构性成就
在兰斯大教堂中得到集中体现。

穿过兰斯大教堂的主结构正殿的连续空间。

有一次，我看到一个9岁的小女孩在回家的路上用粉笔为她梦想中的房子描绘巨大且详细的平面图，禁不住肃然起敬。怀揣巨大的热情，小女孩描绘了她梦想中的房子的所有房间，还画了家具、楼梯、房屋二层及一个阁楼，她以非凡的视觉力量和不羁的绘画技巧绘出了一幅表现梦想的画。

视觉开始发挥作用了。人类通过五种感官感知到的信息中，有超过80%是用眼睛看到的——在我们体验建筑艺术时，占比甚至还要更高。然而，视觉并不是

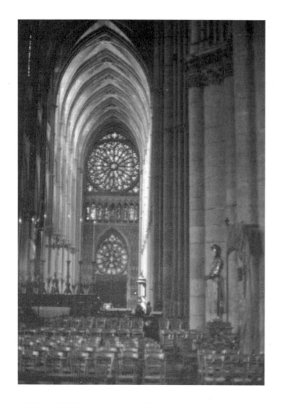

兰斯大教堂表现了对建筑产生深远影响的城市建筑比例。

一种自动具有的能力，而是一种技能，需要较好的眼力或者佩戴一副新眼镜。在本章的开头我就提到了这一点，因为人们缺乏眼力是一种普遍现象。我自己能够清楚地观察这个世界，也是在大学毕业之后。你必须确保自己能够清楚地观察事物，这将有助于提高你对建筑艺术的理解能力和鉴赏水平。

对于一个设计师而言，"训练你的眼睛"和运动员进行身体素质训练一样重要。它决定着你的表现水平。找到一处与众不同的建筑或者你熟悉的建筑，尽情地欣赏它的美妙：体会它的空间感，体会它带来的愉悦，发现它的奇妙。这或许是真正激动人心的地方；或者也许就是一件美好的事物，仅此而已。接下来，你需要深入思考，研究你所体验过的事物：研究这座建筑已公开的平面图和剖面图。在研究中了解人们建造这座建筑的目的，以及他们是如何建造的。

例如，在我为第一次体验哥特式大教堂做准备时，我查阅了大量的资料，研究了法国兰斯大教堂的历史（现在你们可以通过谷歌搜索相关的信息）。这些资料告诉我法国的国王们曾在此加冕，兰斯大教堂在第一次世界大战中遭到严重损毁，为了荣誉，战后法国很快就对它进行了修复。同时我也查看了教堂正面的剖面图，终于明白整个教堂结构的巨大重量是如何横跨正殿，通过彼此相连的石头转移到地面的。虽然平面图采用的是众所周知的形式，但却展示出错综复杂的结构以及狭小的空间。

光线和遮阴处：阴影展示了建筑物的形状，为中庭增添了些许装饰。达拉斯，得克萨斯州，1964年。

铺设者从玻璃开始，向前通过每一个平面，塑造成了卡萨运河窗户的边沿。圣米格尔·德·阿连德，墨西哥，约1850年。

　　我真正开始具备"看见"的能力，是在我看到这些中世纪的石雕艺术品时，它像一艘轮船停靠在遥远的地平线上，在晨曦中熠熠生辉。随着客车的移动，我正逐渐靠近它们。我禁不住在乘坐的德国大众客车里站起身来，透过车顶天窗往外看，大量的石头离我越来越近，显得越来越大。逐渐接近目的地，我才终于看清这些石雕建筑的庐山真面目，它们通过一个有力且明亮的地平线浮现出来，密集的人群和色彩在周日的早上来回穿梭。在我的坚持下，我们在石雕建筑的氛围中喝了咖啡，吃了新月形的面包，这样我在进去参观之前能先做一番分析。穿过弥漫着有几许杂乱的钟声的大门入口，我沿着左边的通道缓步向前，唱诗班则以

在柱-梁结构中，圆柱受压，大梁受弯。沼泽地里的房屋。笔者设计，奥斯汀，得克萨斯州，1978年。

相反的方向在正殿下唱着德沃夏克的赞美诗《新大陆》退场。就在我走到交叉通道处，抬头看见壮丽明亮的彩色玻璃和石头窗饰构成的圆形时，巨大的圣坛突然响起维铎的托卡塔曲。乐声是如此震撼人心，摄人心魄，我几乎无法站立，眼泪不禁夺眶而出。这甚至超越了梦想——我简直激动万分。这就是建筑艺术带给我的体验，这就是"看见"的方式。

你是如何学习观察地点和感知空间的？下面让我告诉你10个研究和理解建筑的方法。

第一，当你开始体验一座建筑物时，你要设法了解人们为什么建造它，它过去在社会中所发挥的

卡萨·帕尼空间沿着一条纵向直线向前延伸。

当牵引上面墙的重量时，重力就沿着圆弧周围、墙和支柱直到地下的地基。林多斯，希腊，1983年。

弗兰克·劳埃德·赖特在流水别墅中使用的悬臂梁结构受益于20世纪的拉伸性建筑材料。熊溪，宾夕法尼亚州，1934年。

作用，以及现在所具备的功能。这样在你实地考察和理解这座建筑物前，就能从社会层面上对它有所理解。注意观察它是如何与它的邻居——周围的建筑物和环境——发生联系的。

第二，把你的视线往上移，走路时抬起头看。建筑师所做的很多努力都超出了我们的视野。观察光线是怎样照在建筑物表面的。注意阴影的形状。注意建筑物外表的层级数目，从离你最近的那一层直至窗户玻璃。要同时关注建筑物的颜色、形状、结构、比例、韵律、轮廓、容积。首先稍微观察一下形状，然后观察比例，接下来再观察其他的设计元素——每一部分都需要花些时间。

　　第三，通过不同空间的大小和形状来感觉空间，当你说话时建筑会如何发出回响，光线在建筑物内又是如何穿梭和来回跳跃等。感觉建筑物外部构成的空间，当你进入建筑物内部后，也要观察不同空间相互之间是如何联系和过渡的。建筑艺术其实就是空间的艺术，它无法完全通过图片、绘图或文字来进行表现，你必须全身心地去欣赏和感触它。你无法将建筑当作揣在衣兜里的一本书。你需要按照它的真实大小来体验它。不过，当你无法亲临建筑物而不得不仰赖照片和文字时，你应该多花点时间，充分发挥你的想象力，将照片和文字变成活生生的

圣地亚哥·卡拉特拉瓦的拉力结构横跨塞维利亚的瓜达尔基维尔河。西班牙，1992年。

建筑。

第四，训练你的眼睛，以便更好地理解你正在观察的建筑物的结构。建筑物是如何承重的？结构本身如何让材料各得其所？

第五，确定建筑材料是如何发挥作用的。它们是承受压力（向下压）还是张力（像钢丝绳那样被拉开）？是厚重而巨大还是轻薄而中空？是坚硬还是柔软？是粗糙还是光滑？是不透明还是透明？是固态还是气态？是人造还是天然？是温暖还是冰凉？是本地原产还是国外进口？是什么颜色？是什么结构？它们能给你带来什么灵感？是经久耐用还是满足一时之需？是脆弱还是坚固？是普通常见还是与众不同？

第六，确定这座建筑物是如何建成的。它是钢结构还是混凝土结构？是手工垒建的砖石还是机械预浇铸的水泥板安装而成？是由薄的胶合板组成的木结构还是厚的能承重的砖石结构？是金属板还是玻璃板？是幕墙还是坚实的镂空结构？这座建筑物是仅仅建成了而已，还是事实上以手工精心制作而成——也就是说，每个工匠在施工时是否拿出了自己的看家本领？

第七，检查你正在观察的建筑物在历史上是否已有先例。这是个引人入胜的问题，是所有图书馆的主题，也是一个重要学科的基础。你会发现，历史是一座资源库，无论你是否

弗朗西斯科·波洛米尼设计的巴洛克式教堂圣安德里奇是长直线型建筑的一个先例。罗马，意大利，1624年。

斯德哥尔摩市政厅的整体风格受制于连拱廊的韵律。拉格纳·奥斯特贝里，斯德哥尔摩，瑞典，1911年。

打算像现代主义者通常做的那样只关注本世纪，或者关注八千年来人类创造生活环境所作出的努力。历史上的建筑自第二次世界大战以后就从学术设计室里消失了，但是，正如你将会发现的，建筑史赋予设计以方向和内涵——给我们以建筑形式、材料、技术和装饰艺术方面的文化先例。我们需要从建筑史和人类学的整个世界中汲取知识，尽管许多设计师一直在回避这样做。

第八，分析你正在观察的建筑物的组成、比例和韵律。哪些因素彼此相关？哪些属于同一类别？你在建筑成分中发现了什么向量？它是一种底部、中部和顶部泾渭分明的古典结构吗？颜色和结构之间彼此有何影响？光线和阴影的质量如何？空间是如何构成的？当你在建筑空间中走过时会有什么感觉？你会感觉到乐趣吗？

第九，观察建筑物的位置是否合宜。它对周围的环境是一种补充吗？是一种自然景观还是都市景观？建筑物必定要取代原来的景观。它是否与原有的景观一样让人感到愉悦？是否改善了周围的景色或位置的意义？

第十，分析是什么因素导致这座建筑物与众不同。除了理解和认识建筑，你还应实地查看建筑物的地点，了解它是如何建造的。你会看到它是用较为原始的施工方法建成的，而不是像生产车间里用机器重复生产的产品。每座建筑物都是独一无二的。建筑带来的乐趣有很多。其一就是你看到空间后的激动万分。你惊诧于建筑结构创造的、存在于你的想象中的空间，也对阳光是如何照射到建筑物的每个角落百思而不得其解。另一个快乐就是施工时众多的工人和工匠之间的相互协作。精湛的手艺能给你、业主和工匠带来最大的满足。我曾请一位正在铺设硬木地板的老工匠帮我把两个非常特殊的房间很好地衔接起来，而且给了他一个相当复杂的、在一个长方形里有镶嵌物的整合式样图纸，这样就能看清两个房间是如何相连的。老工匠拿走我的设计图回家思考如何处理这个难题。等到我看到施工效果时，我被他的手艺震惊了，我和他都感到十分激动。这是对整体建筑的完美补充。几个月后我收到了他妻子的来信，说他去世了，不过他为自己生前建造了这样一座美丽的建筑而感到欣慰。

每个建筑地点看起来都有自己的文化。在一些工作过程中，会有一个紧密结合、自始至终合作共事的团队。其他工作则有大量的转包

以中心为基准的直线有助于构成和组织物体、立体和空间。泰姬陵，阿格拉，印度，1630—1653年。

现代主义设计对城市风貌的干扰。理查德·迈耶与合作伙伴，乌尔姆，德国，1993年。

商，他们只有在成为这个工作过程中的一部分时相互之间才会产生联系，他们坐着卡车而来，到了午饭时间和晚上就离开了——每一组都有一名专家。这种工作的声音，对木匠而言是混合摇滚乐，对泥瓦匠是乡村音乐和西方音乐的结合，对砌砖匠则是牧场音乐。再也听不到槌打的声音了，取而代之的是钉子枪作用于压缩空气的咯咯作响声。如果是木结构的建筑，新砍伐的木材味道会给这个地点增添一种特别的氛围。

按照传统，当建筑物的结构是"尖顶高耸"时，工人们会在屋顶上放置一棵枞树。

在墨西哥的一个建筑地点，听不到槌打的声音，因为使用木质建材过于昂贵。那里的建筑物都是采用砖石材料——砖头、石块、混凝土、粗石——或者某种烘干砖。手凿砖头或雕刻石头时会发出叮当叮当的声音。这件工作闻起来就像在午餐时间烹饪食物的味道，大家围靠在炭火旁一起做饭吃饭，用炭火加热每个人的饭菜。男人们经常打牌，午饭时间严格控制在一小时以内。工人们通常来自工匠师或者工作管理者的大家族成员。我最近的一项工作正好遇到了这种情况。工匠师的父亲驾驶卡车，他的祖父母做守夜人，他的哥哥是泥瓦匠，他的年仅十岁的儿子不上学时就卖可乐和糖果。他的堂兄弟姐妹和叔叔们也在这里谋得一份差事。建筑师通常是承包商，每天来看看工程的进展情况并亲自把每周的工资支出总额带到工地上来。

在墨西哥，如果一座建筑即将封顶落成，参加建设的人员会拿着一个手工制作的装饰有绸带和鲜花的十字架，队列前往泥瓦匠的守护神——圣安娜教堂中祈祷得到保佑。然后神情庄重地回到原地，把十字架放在他们正在建设的建筑物顶端的显著位置。然后，工人们的家人前来，随后就是一个冗长的派对。在我以建筑师—业主身份参加的第一个这样的派对上，全体人员在起居室的一个角落里挖了个烘烤深坑，在另一个角落里杀了一头猪，整个中午大家都在一边喝啤酒听音乐，一边品尝烤肉。

在征得许可后，继续参观建筑工地，花费了一些时间观察各种材料是如何组合到一起的，各种工程交易是如何进行的，工匠又是如何使用建筑材料的；观察所有这些工作是如何把一种建筑物的施工协调起来的。

我最喜欢的马丁·克莫斯（Martin Kermacy）教授曾经问我："如果你从未见过一座伟大的建筑，你要如何设计一座伟大的建筑呢？"请查看本书后面我提供的阅读书目（见231~237页）。它并不是一个学术清单，但我认为它对每一个渴望参与建筑的人都会有所帮助。同时，我也斗胆列举了我自认为在现实生活中对于体验和观察最为重要的一些建筑物。你可以在我列出的建筑地点（参观列表，见238~242页）中找到这些建筑物。

去实地看看那些伟大的建筑吧，但也不要忘记顺路观察你仰慕的非主流建筑。如果你无法实地考察建筑，你可以去图书馆、书店或者求助于网络，那里有关于这些建筑的大量资料。找一些众所周知的建筑实例，研究它们的平面图、剖面图和照片。作为研究的一部分，你可以绘制一些草图，甚至描摹一张图纸，这对帮助你理解这座建筑大有帮助。这同样有助于你学习绘图。你大脑里充满的对于伟大建筑的想象和感觉为你提供了工作素材，并且就像学习一首乐曲或者一首诗一样，你开始融入艺术并陶醉其中。14岁的艾丽克丝·布拉特（Alex Pratt）在日记中用这样一段话表达了她对一座伟大建筑的回应："如果你渴望去看看天堂是什么样子，或者想一睹神圣的事物，那么选择一个周日去万神殿吧……在那里你一定能意识到什么叫巨大和雄伟……然后你肯定会意识到石头是什么样子的。石头是冰冷的、坚硬的，并使一些事物变得深沉。这为建筑平添了庄严和伟大……也增添了建筑的永恒感。石头让一切看起来如此沧桑。它能给建筑创造出一种氛围，这是木材永远无法做到的。"

问题是，你怎样与你的梦想互动，赋予梦想丰富的背景，引导梦想前进，并将之阐述清楚？一个答案是通过大量的实地观察建立一个建筑的内存条。建筑师查尔斯·摩尔（Charles Moore）是耶鲁大学建筑系前主任，伯克利和加州大学洛杉矶分校的系主任，后来在得克萨斯大学担任教授，他描述他的建筑学教育方法为"把学生带到建筑物的所在地，并聆听人们的讲解"。通过阅读、绘画、理论分析、深入思考及交谈来观察和理解建筑非常关键——当然，最重要的学习来自视觉。

第三章　发现最好的建筑

对一个民族的文明最可靠的测试……可以从他们的建筑中发现。建筑为我们呈现了一个展示壮观和美丽的宏大领域，而且……如此紧密地与最基本的舒适生活条件联系起来。

——威廉·希林克·普雷斯科特（1796—1859），美国历史学家

亲爱的肯尼斯先生：

　　人们说建筑弥足珍贵，最好的建筑尤为珍贵，我完全赞同这种说法。在我们实地考察的旅途中，我们力图找到一些令人崇拜的建筑。值得我们欣赏的建筑有很多，因为它们不仅有着悠久的历史、旺盛的生命力，而且也是最好的资产投资。这些伟大的建筑有些虽已成为废墟，但却因其悠久的历史而价值犹存。体验建筑是需要付出一定努力的，不过因为建筑艺术往往能够体现一个文明所达到的高峰，所以寻找一个区域内最好的建筑，可以让自己在感官和智力等不同层面上受益匪浅。

位于黎巴嫩巴勒贝克的朱庇特神庙，建于约公元前15年。

为了寻找最好的建筑，我在1964年和1967年进行了两次为期超过半年且极为必要的西方建筑之旅。一路上的旅程和住宿都是在大众牌客车里度过的。我在海军服役时曾短暂离开过建筑领域，后来以实习建筑师的身份工作了很多年。我很想体验我们过去在学校和国外研究过的最新的现代建筑，再看一看我们在建筑史课程中读到的古老建筑。我清楚地记得，现代建筑（与先前时代的建筑相比）在建筑艺术上表现出的苍白无力所带给我的震撼。于是我有了一个基本判断：现代建筑缺乏内涵。当我在丹麦、法国、意大利、西班牙、瑞士、德国和奥地利等国家考察数月之后，我感觉自己在学生时代被骗了。

如同我所看到的，历史建筑在所有建筑中独树一帜、出类拔萃。我不得不质疑现代主义风格；理由很简单，现代主义建筑无法与当地原先的建筑相提并论，甚至根本就没有可比性。没有什么建筑可以和我欣赏过的哥特式建筑相媲美。巴洛克时期、文艺复兴时期和新古典式的建筑作为艺术作品格外显眼地装点着历史名城，令其在阳光下熠熠生辉。相反，大多数现代建筑则看起来底气不足——往往造价低廉，且与周遭环境格格不入。所有这些都会令我思量许久，但有一点是可以确定的，历史建筑有其伟大之处，它们中的大多数都是由技艺精湛、富有天分、卓尔不群的人所设计和建造的。这些建设者与时下的建筑师完全不同。

很显然，一些最好的建筑是由并未获得专业学历和证书的建筑师设计和建造的。这些设计师不仅认真汲取其他建筑的精华和长处，还虚心做学徒，直到文艺复兴时期，他们中的大多数才在历史上留下自己的名字。我们知道，建筑业是从19世纪中叶成形的，正好是在我所认为的最好的建筑出现之后。

有人会说，完美建筑的动力之源来自建筑师（非专业建筑师或职业建筑师）的热情。国王、皇帝、教皇，或今天的社会团体、公共机构，或个体客户所共有的"建筑的热情"，这是创造伟大建筑的动力。也可能并非如此。有时，人们的热情倾向于最低成本的建筑，有时职业建筑师或非专业建筑师尽管也有热情，但并不完全能胜任。然而，不论出于何种目的，不论建设者的工艺水平如何，既然建筑物已被建造出来，这个世界或欣喜若狂，或羞愧难当，抑或更加糟糕，不过这一切似乎都已无关紧要。

文艺复兴时期的建筑师菲利普·布鲁内莱斯基设计建造的圣母百花大教堂的圆顶。佛罗伦萨，意大利，1417—1434年。

今天，法律会限制我们随意使用建筑师的头衔，但历史上的许多伟大建筑都是由一些没有证书的建筑天才设计和建造的。在许多文化领域，建筑师的头衔意味着尊贵。历史上有宫廷建筑师、教士建筑师、绅士建筑师。这些满怀热忱的建筑师并未被授予过专业证书或学位。一些古罗马和古希腊的建筑师拥有自己彪炳史册的作品的原创权。中世纪的建筑师设计并建造了壮丽的哥特式大教堂，而我们几乎不曾知晓他们的名字。其他的建筑师则凭借他们的建造技能而非设计技艺获得报酬，因此，他们更适合"非专业人员"这一词汇的正面含义，尽管他们建造了史上许多伟大的建筑，我称呼他们"非专业人员"是为了更契合本章的内容。从15世纪开始，随着菲利普·布鲁内莱斯基（Filippo Brunelleschi）和他在建造具有划时代意义的佛罗伦萨大教堂与众不同的圆顶时所取得的成就，个体建筑师开始被人们所知晓。米马尔·科嘉·锡南（Mimar Koca Sinan），一位16世纪的土耳其清真寺建筑师，他作为个体建筑师，也得到了世人的认可。

今天，非建筑师工程项目有时颇受非专业建筑师的青睐，而且最后落成相当成功。当然，也有许多建筑物出自不负责任的非专业建筑师（这里我说的是它的负面含义）之手，并没有考虑建筑的艺术元素，仓促建设，盲目施工，仅仅为了满足一时之需。轻率是最大的罪恶。如果轻率的建设者能变成见多识广、敏锐细致的非专业建筑师，那么每个人都能够从中获益。

虽然大多数建筑物在建造时并没有职业建筑师的参与，但它们中的许多建筑物从未奢望过成为真正的建筑，也就是说，成为建筑艺术。有一些建筑物，也许是绝大多数，随着房地产业的发展，人们将其视为用来出售的商品，或随着没有艺术思想的功能性建筑的出现而变得悄无声息，"仅仅建成了而已"，因为它们能够直接满足商业、住宅或政府的需求。有建筑师参与的建筑工程是很少的，不幸的是，就连这一小部分建筑中也并非全都是真正的建筑，至少大部分都无法称之为艺术品。无论如何，在不同的商业和文化环境中，就像前工业化时期采用传统形式的第三世界国家的一些建筑物，是如此明智、可靠且令人满意，以至于成为一种视觉享受——它们不依托于任何建筑师的参与而存在，仅靠最普通的建筑知识（当然，这种知识比较容易掌握）就够了。

"amateur"这个词，由于使用过于频繁而有点泛滥了，它意指"非职业的"，或"业余爱好者"，后者和西班牙语单词"aficionado"意思相同，表示"对某个事物有强烈的兴趣或欣赏某个事物的人"。热心者的精神同样包含其中。你会注意到我的定义很宽泛，甚至把职业建筑师也视为拥有这样资质的人，即敢于冒险以满足创造比生命更有意义的东西的欲望——也许会冒个人投资兴建或个人生计的更大风险。我很高兴自己是一个非专业笛手，也是一个能与业余和职业音乐人合作的职业建筑师。你也可以是一个非专业建筑师，如一个从事建筑工作的职业律师。

作为一个业余建筑师，能满足自己的需求，比如你非常热爱自己从事的事业，也有能力驾驭相关技术和工程建设，在此过程中你获得了自我实现。高效的非专业建筑师可以通过刻苦自学，参与设计过程，做一个有责任感的市民，为社会做出好的设计方案等途径来改善家居环境、公共建筑、邻里关系和市容市貌。做一个社会团体或社会公众任命的委托人为公共建筑出谋划策，也是一个能够发挥关键作用的好机会，为此你需要学习、阅读、旅行，才能做出明智正确的设计决定。在建筑委员会里有太多的会计、工程师、政府官员和执行者，但是他们中的许多人还需要提高自己的知识素养，以适应做出如此重要的决策的需要。他们趋向于将低成本和便利作为他们主要的目标——这很重要，也的确如此，但房屋居住者或过路人很容易忘记这些，他们生活质量的提高或降低，有赖于这些存续数十年或数个世纪的房屋。

为家庭构想一座新房子或在一个委员会里与职业建筑师共同规划一所学校或社团新总部，需要一个见多识广、激情洋溢、积极主动的委托人，一个真正的建筑热爱者。"建筑就等同于它的委托人"这一古老的真理充分说明了委托人的关键作用。如果委托人是一个见多识广的非专业人士，能够和建筑师进行良好的沟通和合作，立场坚定，坚韧顽强，那么拥有一座好建筑的梦想肯定会实现。

我认为非专业人员很重要，因为他们可以提高建筑学这门学科的水平，并成为引领创新潮流的潮头，掌握关键话语权的发言人，一个比学者和职业建筑师更关心建筑艺术的客户。你或许感觉自己无法胜任上述的几种角色，尤其是无法担负引领创新潮流的重担。但是，我要告诉你，你认为最不可能的角色却是现实的、关键的，而且是十分需要的。

建造商通过从其他建造商和他们的作品里学习设计并建造了哥特式大教堂。圣马克卢鲁昂，法国，1435—1521年。

尽管每一座建筑都可以当作建筑艺术来建造，但还是有一些建筑物由于它们在世界上所处的位置而有义务成为建筑艺术。公共建筑、高曝光率的建筑、标志性建筑——由于设计质量，所有这些建筑会产生广泛的影响。难道你觉得，当越来越多的高楼大厦力图成为建筑艺术，我们的城市会变得越来越漂亮？我们的生活质量会越来越高？所有类型的建筑价值会超乎寻常？

尽管非专业人士的激情可能来源于他（她）尽其所能地把事情做到最好，但最终结果的质量还需要足够的自我批判精神来完善和充实比例、刻度和构成等基本概念，以及其他一些设计元素。这会占用你大量的时间进行深思熟虑后做出设计方案。事实上，这将使你的工作复杂上千倍。对于我们中的许多人，完善设计方案已成为主要的乐趣之一。对于非专业人士和职业建筑师而言，这是提高艺术水平的好机会。

对于非专业人士的重要性，我希望我已经阐述清楚了。下面我想对你进行一个小测试，看看你能否成为一个专注的非专业设计师。请试着回答这几个问题：

1. 你是否实地观察过世界上的伟大建筑和城市，并且乐于发现充满神奇的异域之地，那里的人们看起来生活在艺术作品之中？

2. 你是否收藏有一个富有你最喜欢的漂亮房间的杂志照片的文件夹？将来某一天你是否愿意把它们发挥到你自己设计的建筑中去？

3. 你是否会认真思考一些方法让你所处的城市和其他邻近的城市更美丽？

4. 你喜欢制作一些东西吗？

5. 当你看上一块土地时，你会想象在它上面建造什么和这块土地将来会变成什么样子吗?

6. 在你考虑从房间里看到什么或者你的建筑如何与自然风景或街景相适应时，你会感觉眼花缭乱吗?

7. 当你用铅笔把一个建筑构想描绘在纸上时，想到能更好地理解和探究建筑艺术，你是否会激动不已?

8. 你是否已经发现自己对建筑项目相当痴迷，它们对你是如此重要，以至于令你沉迷其中，并带给你新鲜的刺激?

9. 你的关于建筑、城市、景观和室内设计的藏书是否多过其他的藏书?

10. 你是否考虑过如果做一位建筑师，你可能已经做了什么，或者可能要做什么?

在路易斯·艾瑟铎·康设计的沃斯堡金贝尔博物馆中有一个可以领会建筑艺术的特别地点。得克萨斯州，1973年。

如果这些想法，尤其是前五个问题能激起你的兴趣，那你肯定已经是一个建筑爱好者，一个非专业人士。我会赋予你的非专业角色以尊贵和尊重，帮助你把激情转化为热情，始终拥有创造更好的建筑、城市和周边环境的动力。当然，如果你能对后五个问题作出积极回应，那么你就可以考虑做一位建筑师，并且认真阅读后面章节的内容了。

真正宏伟的工程，那些为国王、教士、教皇、主教、皇帝或地主、工业家、慈善家建造的华丽作品，每一件都是由一位经验丰富的建造商完成的。archi（首席）-tecton（建设者），或architecton，是"建筑师（architect）"这个单词的基础。建造商接受的工作培训与非专业人士别无二致——与更有经验的建造商一起工作，或者旅行、绘画、阅读，获取知识和技能。直到19世纪中叶，所谓的建筑"学校"不过是距离最近的建筑施工现场，或处在有抱负的（非专业）建造型建筑师的旅行范围内的建筑物。

传统的职业建筑师——一个在某种特殊活动中具有技能和经验的专家——与非专业人士的区别仅仅在于他从这份工作中获取报酬。直到19世纪，建筑师、医生、律师才成为需要国家认证的专业人士或一种职业。令我难以理解的是，当时世界上大多数伟大的建筑物已经建成，但由于其他种种原因，建筑的总体质量却开始下滑。各种力量，包括工业革命等带来了新兴技术，生产力的快速发展和迅猛扩张催生了大量的建筑物，新的建筑理论也应运而生。资本主义更看重资本和回报，而非美观和艺术。现代主义提供了新的大批专业人士，这似乎是一条振奋人心的、通往一个美丽新世界的路径。

今天，只有那些得到国家认证的人士才可以使用建筑师的头衔。在美国，美国建筑师协会（AIA）创立了一个传统，即认为一位建筑师建造他（她）设计的建筑物是不道德的，因为建筑师要是这样做就会在代表客户利益时造成冲突。这种责难使得建筑师建造自己设计的建筑变得不道德，消解了"建筑师"这个单词作为建造商的"建设者"的内涵。与此同时，其他国家也在继续坚持这一老旧传统。幸运的是，在20世纪70年代晚期，美国建筑师协会修改了其职业伦理规范，再次允许建筑师可以建造自己设计的作品，只需要他们签署一份彻底的非利益冲突条款。但不幸的是，设计但不建造的传统已经根深蒂固。随着这一改变，美国的建筑师又可以做建造商了，而且美国建筑师协会为这类事务提供了合同文本，尽管在许多建筑类型中，建造技术已经变得极为复杂，以至于设计过程需要专家团队的帮助。

即使没建造任何东西，非专业人士也可以通过体验美好的建筑而得到最大的艺术享受——观察建筑空间、置身于空间之中及从空间中穿过。体验建筑是人们旅行的主要原因之一。他们想观赏各种文化所创造的世界奇观。这也是一个"看见"过去的方法。

说到体验建筑，我的意思是指使用所有的感官。从观看开始，当然不要忘记聆听、走动、触摸，有时甚至要使用嗅觉，如果那里有食物，就坐下来好好享受味道和氛围。提高感官的灵敏度，通过理性地理解建筑与了解建筑的历史和社会

圣米尼亚托教堂为我们上了建筑布局的基础课。佛罗伦萨，意大利，约1000—1288年。

功用，体验建筑的效果就会大为提升。当然，作为一位建筑师，还要在平面图和剖面图上研究建筑物，以揣摩其结构，从而更好地欣赏它。

当我在教授建筑学时，我坚持要求我的学生沿着19世纪的得克萨斯州议会大厦的主轴缓慢前行，仰望巨大的笔直圆穹顶，我希望他们认真观察：随着阳台的同心环的移动，在穹顶上方的孤星会显现出来；随着同心环的继续移动，它又被遮挡起来。同时，我也坚持要求我的学生去参观路易斯·康设计的得克萨斯州沃斯堡金贝尔博物馆，在那里尽可能地多待一些时间，参观次数也尽可能地多一些。我的一个希腊同事，他的雅典老师告诉他每周要在雅典卫城逗留3小时。当我多次参观一个地方后，一种累积效应出现了，就像我在听音乐或欣赏油画时——各种感觉似曾相识，那是一种美妙的鉴赏，一种对体验的某种记忆和对艺术的心领神会。我喜欢花时间去了解它们。在我们家为期6个月的建筑之旅中，我在佛罗伦萨的一座山上待了一个星期，俯瞰布鲁内莱斯基建造的佛罗伦萨大教堂的圆屋顶。一天早晨，我12岁的儿子瑞克和我步行上山去圣米尼亚托教堂，我们在一座矮墙上坐了很长时间，深情地注视着宏伟的大理石正面。我向他讲解如何分析建筑物外表的构成，如何研究它复杂的内部空间。这次经历或许有助于他最终成为一位建筑师。

我们的社会亟需热爱和渴求好建筑的非专业人士。我们需要喜欢好建筑的人，他们要求所有的建筑物中，特别是在为我们的城市塑造形象的公共建筑物中都有好建筑。我们需要业余建筑师，他们在别人的帮助下能够创造好的建筑物。我们要记住，世界上大部分的建筑物还是由业余建筑师建造的——既有钟爱建筑和颇有创见的业余建筑师，也有想法轻率的业余建筑师。如果顺利的话，缺乏思想的业余建筑师将来会承担起审美的责任。最好的职业建筑师会继续各自的"业余"特性。我愿鼓励有创见的业余建筑师，并帮助他（她）通过自身对建筑的热爱而有杰出的表现并取得成功。

第四章　在建筑中探索思想

相比任何其他的艺术形式，我们能在建筑中发现更多的内容。每一条街道都是展示建筑师作品的画廊。

——查尔斯·爱德华·蒙塔古（1867—1928），英国著名记者和小说家

亲爱的詹姆斯：

你是对的。建筑不是一种静态的艺术，它始终处于变化之中。每个设计师都有其个人的做法，其中经验和教育因素起到了重要作用。你和我开始在建筑系学习的时候，这个世界已经发生了两个重要变化：一个变化是第二次世界大战末期出现了崭新的观念和目标，当时人们已做好准备迎接一个新的开始，经历了战火硝烟的退伍军人重新走进大学校园；另一个变化是革命性的现代主义理想正在取代传统的建筑师培训——设计风格从具有深远影响力的法国美术学院（Ecole des Beaux-Arts）中吸取了许多养分。

这是一个令人振奋的建筑艺术和建筑教育的时期，它创造了一种新型的建筑

师类型和建筑类型。一切都是新的。我们的教授过去接受的是美术教育，所以现代主义对他们来说也是新的。教授们和学生们现在满心欢喜，因为他们不但不必再讲解和学习烦琐的风格，不同的旧理论、旧设计和旧技能，相反可以发明创造新的东西。我14岁时就读大学了，那时我的可塑性很强，很快就适应了周围的环境和氛围。但是，我做奥尼尔·福特（O'Neil Ford）学徒的经历，帮助我找到了适合自己而又不偏离师傅的道路。奥尼尔·福特最早为西南地域主义下了定义，他也是现代主义的开拓者。这段经历使我受到了现代主义教育，但也使我有一种强烈的地域感觉——认为自己与其说是一个地域主义者，倒不如说是一个现代主义者。从我50年职业生涯的角度观察建筑业，它的变化如溪水般流淌不息；但与我们周围的技术发展相比，它的移动速度就如冰河融化一般。

今天的建筑包括哪些内容？大部分建筑是如何缺乏吸引力的？在诸多历史建筑中有一些建筑，我们是如此崇拜它们，我们评估过它们的价值，这些建筑究竟发生了什么？我们依然喜欢的装饰、象征、神话、爱情、人性化和比例在哪里？为何如此众多的公共建筑和商业楼宇，以及数以百万计的个人住房，借用一个词表达，是如此"丑陋"呢？对于一座建筑物，仅仅具有功能性、经济性或绿色环保性是否就真正足够了呢？所幸的是，我们仍然随处可以找到优美的新建筑，它们看起来非常适宜得体。那么，什么是建筑，而什么又不是建筑呢？

既然有这么多关于建筑的定义，热爱建筑的人们对建筑又持有这么多的观点，那么我建议从《韦氏大学词典》（第11版）中通常采用的定义开始：

1：建筑的艺术或科学；具体说，设计和建设结构，特别是用于居住的建筑物的艺术和实践；

2：构成或建设，或有意识的行为的结果（如花园建筑）；一个统一的、紧密连接的形式或结构（如这部小说缺少结构）；

3：建筑产品或作品；

4：建筑的方法或风格。

我最欣赏的建筑定义是尼古拉斯·佩夫斯纳（Nikolaus Pevsner）在对其著作《欧洲建筑纲要》（1943）进行介绍时下的定义：

自行车棚是一个建筑物；林肯大教堂是一座建筑。

几乎任何事物，只要围绕空间而建，其空间大小必须足够让一个人进入，那就是一座建筑物；建筑这个词，只适用于从审美角度出发设计的建筑物。现在，人们对于一座建筑物的审美感受，可以通过三种不同方式实现。第一，审美感受可能通过对墙壁、窗户的比例、墙壁空间与窗口空间、楼层之间、装饰（诸如一个14世纪的花式窗棂或一个鹪鹩门廊的叶子和水果花环等）之间关系的处理来获得。第二，把一个建筑物的外部设置作为整体来处理，从审美的角度来看是很重要的，包括各部分之间的对比，一个有坡度或平坦的屋顶或一个圆顶产生的影响，突出和凹陷的节奏变化。第三，对我们感官的影响，包括建筑物内部的房间设置的顺序、交叉处门厅的扩展，以及巴洛克式楼梯的移动。在上述三种方式中，第一种是二维的，这是画家的方式。第二种是三维的，它将一座建筑物视为一个体块，一个可塑体，这是雕塑家的方式。第三种也是三维的，但是它更关注空间，这是建筑师自己区别于别人的方式。

将建筑与绘画和雕塑区分开来的是它的空间质量。这一方面，而且只有在这方面，没有其他艺术家可以与建筑师比肩。因此，建筑史主要是人类塑造空间的历史，所以历史学家展望前景时必须始终关注空间问题。这就是为什么任何一本关于建筑的书，无论关于它的介绍多么受欢迎，如果没有平面图都不会取得成功的原因所在。尽管建筑史主要是人类塑造空间的历史，但是建筑却并非全部是关于空间的。在每一个建筑物中，除了围护空间之外，建筑师还要模拟体块，规划表面，即设计一个建筑外部，为每个墙面设立布局。这意味着一个优秀的建筑师除了要有他自己的空间想象力外，还要具备雕塑家和画家的视觉模式。于是，建筑就成为所有视觉艺术中最为综合的艺术，而且比其他艺术更胜一筹。

谈完那些定义，让我为目前流行的观点再添加一些历史性看法，帮助你理解我们在建筑艺术不断演变的历史长河中所处的位置。20世纪初，设计方向上的一个戏剧性变化毁灭了建筑师。在我1946年进入建筑系时，这些新的建筑理念正发挥着威力，意味着所有按传统方式对古典比例、装饰的研究和不同的风格都已被抛弃。我们被告知，我们必须不带任何偏见地

卡斯·吉尔伯特设计的新古典"老图书馆"建筑和图书馆规划，与沃尔特·格罗皮乌斯设计的包豪斯新校舍建于同一时期。得克萨斯大学，奥斯汀，1917年。

安东尼奥·高迪的卡萨米拉表现了拉美现实主义与现代主义的对比。巴塞罗那，西班牙，1910年。

从一张洁白无瑕的纸上开始创造我们的设计——创新。从理论上讲，那是一块干净的石板，在那块石板上只存在现代主义的意识形态，而近百年来建筑师很少质疑过现代主义。但是这种设计自由被证明是一个高标准的规则，因为我们中的99.9999%的人设计了全世界的建筑物，但这些人都不是天才。

　　显而易见，仅仅采用新思路只能置建筑师于无所依从的境地，同时非建筑师也得不到有价值的指导。创新成为唯一的设计方向，对于创新，我们的老师或尊重或容忍，在建筑新闻中只有创新才有新闻价值。没有创新则意味着是派生的；所有事物都必须是新的，每一个项目都要从新的起点开始。这种概念上的盲目继续歪曲着今天的大多数建筑，使建筑的其他审美价值服从于创新的需求——"新建筑"。

　　早在西欧国家大规模开采煤矿之前，现代主义已经过两代人的发展。到第二次世界大战末期，现代主义已经取代了坚若磐石的法国美术学院的艺术理论，虽然许多学术性建筑教育就建基在这些理论之上。这个伟大的新自由证明对所有人，包括老师和学生来说，都是一次解放，因为建筑是一个促进因素，为人们打开了一个有待开拓的新世界。推动现代主义要靠大量满载着各种新思想的新书籍和杂志。人们只需要遵守很少的规则，其中最主要的一条规则是"形式服从功能（Form Follows Function）"。先

瀑布是弗兰克·劳埃德·赖特对现代主义的回应。熊溪，宾夕法尼亚州，1936—1938年。

埃利尔·沙里宁在设计芬兰国家博物馆时发展了区域性表述方式，他后来前往美国，在匡溪学院创造了一个经典的学习环境。赫尔辛基，芬兰，1910年。

前的规则，连同装饰用的石膏模型和浇注技术都被抛弃了——学生们过去通过它们来学习如何利用光线塑造建筑物表面。古典资料书籍，如贾科莫·维尼奥拉（Giacomo Barozzi da Vignola，1507—1573，于1562年出版了《建筑五大柱式的规则》）的著作已被束之高阁，落满尘灰，它们原来所在的位置上摆上了以"现代大师"为主题的图书。人们的思想和想象变化是如此之快，以至于许多报纸和杂志刊载了比书籍还多的信息。建筑艺术已经经历了一场智能"美容"和"翻新"。我们是否还在不解，为何我们会看到这么多徒劳的、试图模仿古典建筑的、不合时宜的行为？

在设计上实现丰富多样性是可能的。众多迥然不同的哲学和惯用语表述凸显了人们的兴奋和混乱，就像这个新时代的开始一样。其中的每一种力量本来都可以为新时代指明方向。而在我心目中，这个新时代最主要的力量是这七位传奇人物：安东尼奥·高迪（1852—1926）、弗兰克·劳埃德·赖特（1867—1959）、埃利尔·沙里宁（1873—1950）、贡纳尔·阿斯普伦德（1885—1940）、密斯·凡·德·罗（1886—1969）、勒·柯布西耶（1887—1965）和阿尔瓦·阿尔托（1898—1976）。人们可以有充分的理由选择以这些天才建筑师中的任何一个为榜样；人们甚至可以想象如果这些建筑大师的影响力不是一直占据主导地位，建筑物将会被如何建造。

现代主义的海啸遮住了其他有前途的现代运动较早期的壮观作品的风采，包括巴塞罗那的拉美现代主义、维也纳的分离论、新派艺术，后来的巴黎装饰派

贡纳尔·阿斯普伦德设计的林地小教堂展示了形式与比例的经典范例，创造了人们想要的特征，装饰性的柱头在现代主义的许多早期建筑例子中都被去掉了。斯德哥尔摩，瑞典，1918年。

阿尔瓦·阿尔托在珊纳特塞罗市政中心采用的砖墙形式表现了人性尺度，为人类提供了一个几十年来值得纪念的建筑形象。珊纳特塞罗，芬兰，1945年。

艺术，以及其他所有的现代运动。根据定义理解，现代主义就是一种与过去决裂的自觉，并寻求新的表现形式——一种审美——"国际风格（the International Style）"。"国际风格"是亨利·罗素·希区柯克和菲利普·约翰逊赋予现代主义的一个备受争议的名称。

在这些伟大的建筑师中，沃尔特·格罗皮乌斯（1883—1969），一个很有影响的学派的创始人，提出了一种新的设计教育理念，被认为是开了历史的倒车。德国的包豪斯（1919—1933）开始时是一个为工业生产服务的设计学校，后来把建筑也包括在内，它是在现代主义新的审美环境中从荷兰艺术家的风格派（De Stiji）和俄罗斯的构成派的基础上发展起来的。在那期间，格罗皮乌斯于1937年来到哈佛大学，辅助约瑟夫·赫德纳特在美国创造一种新的建筑教育模式。对于这种新的教育理念，其他大学有的在密切关注，有的则直接效仿。格罗皮乌斯敦

密斯·凡·德·罗设计的巴塞罗那博览会德国馆，各部分的平面简单朴素，成为现代主义两个最重要的标志之一。巴塞罗那，西班牙，1929—1930被拆除，这里展示的建筑为1959年重建。

勒·柯布西耶设计的萨伏伊别墅，其带支柱的雕塑化风格是现代主义的另一个重要标志，这种风格常被模仿。普瓦西，法国，1928年。

促他的学生"不要往回看"。年轻建筑师们的目光已经离开了原来的世界，转而投向了现代主义的新英雄们，在他们的教育下，建筑学得到了颠覆性的改变。在那时候，格罗皮乌斯设计了哈佛大学的研究生中心，现在看来，虽然它作为一个建筑物看起来有些格格不入，但是并不过时。

事实上，在包豪斯-哈佛思想占据主导地位前，现代主义在开始阶段有段很长的路要走。我建议你认真阅读我提供的书目中关于那个时代的文字资料。尽管如此，在这里我仍希望能够向你解释现代主义的各种影响和发展方向，以及它们如何影响了建筑师的教育。在过去的70年里，这种教育引导建筑师和其他非职业建筑师设计了你在美国城市中看到的大部分建筑。

到20世纪40年代中期，随着现代主义在建筑教育中发挥着主导作用，我们正在抹除历史的影响并用自己在白纸上发明的事物来取代它，一想到这些我们就感到非常振奋。这是一种任何其他智慧或艺术的力量都无法渗透的、坚不可摧的思想意识，它是如此强大，以至于人们认为它是一项道德律令，而不是风格。因为它在全国各地风靡一时，所以建筑院系都迅速地倒向现代主义一边。1948年，有一个建筑系声称它是第一个"拥抱"现代主义的地域性建筑系。但是它错了，因为在1946年，也就是我在得克萨斯大学求学的第一年，学校里所有的师生不但"爱上"了现代主义，而且和它的关系达到了极致——与现代主义"联姻"。

在这一点上，我需要引入另一个概念——地域主义，和国际风格不同的另一个发展方向。地域主义质疑现代主义缺乏人为因素。在采用不断更新的技术与时俱进以保持现代性的同时，地域主义要求"国际风格"进行一些调整来适应地域化和更本地化的文化与环境特征，而这正是现代主义者热情高涨时往往容易忽视的地方。地域主义可以是浪漫的，也可以是怀旧的，因为它不是教条地排除那些温暖的人类情感。顾名思义，地域主义强调地点——特定的地理或文化地域。地域主义关注的因素是特定的气候，特别是炎热与寒冷，阳光与乌云，潮湿与干燥的极端值；同时也关注特定的传统：社会传统和生活方式，建设传统，住宅类型，城市生活的模式，当然，还有容易获得的当地建筑材料和工艺，它们在操作上和视觉上对该地区都是适合的。举例来说，传统的瑞士木造农舍与该地区多雪和寒冷的气候特点相得益彰，但看起来和热带海岸地区就非常不匹配。而位于新墨西哥州的一个印第安人村落里的砖坯房舍似乎也不适合建在南美洲的热带雨林里——事实上，在南美洲的热带雨林里这些房舍会被雨水侵蚀。当为美国不同地区的大学设施做设计时，我知道因为地域的决定因素会造成建筑有一些不同——这些建筑都应该是现代的，但同时它们又应该是地域性的。俄勒冈州的一座大学建筑物和新墨西哥州的大学建筑物是相当不同的。但是，今天的许多建筑师接受的教育却是不要太关注周围环境、和谐及地域主义。尽管人们可以找到极个别的例外，然而，一座外表锋利的、亮白色的"国际风格"建筑物还是与一种具有地域特征的城市环境不契合。

由于地域主义的变通性和人性化，一些建筑系并非全然接受"国际风格"的现代主义。虽然年轻的从业者经历过这一逐渐衰落的传统，但是绝大多数教师都曾接受过美术传统的教育，现代艺术、装饰艺术、古典主义、折中主义、各种复兴的主义，以及地域主义等依然活跃在设计室里和建筑工地上。这个时代最重要的建筑评论家刘易斯·芒福德（Lewis Mumford）承认，现代主义和地域主义并非必然对立。为了说明这种窘境，请让我借用在得克萨斯大学的经验。远离东海岸和欧洲现代主义的中心，建筑系可以自由地考虑现代主义运动中其他一些非主流的方向。那时，师生们虽然知道"国际风格"，却热烈地推崇赖特、阿尔托、埃利尔·沙里宁的作品，以及地域性建筑的表现方式，后者在西海岸经由威廉·沃斯特、皮耶特罗·贝鲁斯基和两位当地的地域主义建筑师大卫·威廉姆斯（1890—1962）和奥尼尔·福特（1905—1985）的努力不断得到发展。他们是当时对设计工作室起推动作用的力量。

包豪斯学院校舍尽力摒弃历史传统对建筑的影响。德绍市，德国，1919年。

在现代主义的吊顶板和钢筋的审美观下，哈维尔·汉密尔顿·哈里斯有效地使用了木头和砖坯，艾森贝格住宅。达拉斯，得克萨斯州，1961年。

对地域主义有浓厚的兴趣，承认现代主义，推崇赖特，在这样的背景下，得克萨斯大学建筑系于1950年开始寻找新的系主任。最终它们选择了一位非常有影响力的加利福尼亚建筑师哈维尔·汉密尔顿·哈里斯（1903—1990）。哈里斯对三种发展趋向极为敏感，并且很好地融合了这三种价值观，他的工作受到人们的高度评价和赞扬。

为了探索在"国际风格"、赖特及地域主义影响下的设计，哈里斯和一位年轻教授科林·罗（1920—1999）一起组织了一个富有智慧、精力充沛、年轻的国际性教师队伍，最后人们称之为"得克萨斯骑警"（阿力克斯在自己的书中也是这样推崇这个团队的）。他们对地域性设计问题和传统审美观大为褒扬和尊重。虽然他们也怀疑现代主义的原则，但是就像那个时期其他任何人一样，他们被欧洲和东海岸的现代主义势头征服了。事实上，这就是为什么若干年后"得克萨斯骑警"迁到康奈尔大学、锡拉丘兹大学、库柏联盟，在那里确立了设计课程在建筑系中的重要地位。人们在20世纪50年代孜孜以求的这三种设计趋向融合的机会在"国际风格"的时代潮流中失去了。建筑师创造和扩展先前时代的建筑设计的能力消失了，然而人们依然认为现代主义能够解决现代城市的所有"疾病"，这样的想法推动着这个时代的设计决策和政治决策向前发展。

　　人们的关注点转向了两位现代主义大师：勒·柯布西耶和密斯·凡·德·罗。勒·柯布西耶在推动现代主义的过程中一直保持着强大的影响力。实际上，他早期的一些思想主导了20世纪五六十年代建筑师的头脑。他创造了我们视为历史性典范的大量建筑：萨伏伊别墅和被称作未来城市"居住单位"的马赛公寓大楼，

为了寻找一种西南部的地域性建筑表现方式，奥尼尔·福特在设计三一大学（Trinity University）校园时使用了自然材料和精简的建筑工艺。圣安东尼奥市，得克萨斯州，1949—1989年。

哈维尔·汉密尔顿·哈里斯和"得克萨斯骑警"加入了位于奥斯汀的得克萨斯大学建筑系的教师队伍。1953年。

后来，直至他职业生涯的最后，他在设计朗香教堂和女修道院时依然保持着一个真实的梦想。这些建筑以及他提出的许多理论，都对职业建筑师和建筑学术产生了巨大的影响。

密斯·凡·德·罗和勒·柯布西耶两人取得的成就不相上下。密斯·凡·德·罗如同人们对他的称呼那样，在他身后有一大批追随者，他创造的建筑是那么优雅、清晰、简洁，以至于看起来现代高层建筑都应该遵从采用新技术，使用钢筋、混凝土和玻璃为材料的这种模式。密斯的影响造就了最流行的商业建筑"风格"，最主要的原因是它可以被模仿，而且成本低廉。

对于这是一种风格的说法，有些建筑师嗤之以鼻，但是它的确是一种风格。在那期间，作为极具影响的国际现代建筑会议秘书长的西格弗里德·吉迪恩，在他的学术著作《空间、时间和建筑》（哈佛大学出版社，1940）中为我们这一代学生界定了什么是建筑艺术。连同其他宣言一起，它把我们引向了一个新的时代，对我们进行了卓有成效的"洗脑"，让我们跟过去告别，用单一的思想——现代主义的灿烂辉煌——来充斥我们被净化过的头脑。50年后，我和一个青年学生对密斯·凡·德·罗设计的1929年巴塞罗那博览会德国馆（1985年重建）进行了一次朝圣。这座建筑是我们早期建筑教育的终极圣地，也是现代主义的伟大标志。我们发现的是它的空洞无物、缺少灵魂——远不是它的奇异壮观的照片所传达给我们的那种优雅的设计。人们可以回眸审视它，仅把它看做一个新潮时尚的想法——一种被不可思议的花言巧语包围着的时髦。它声称要表现的设计"真实"是一种技巧，但在现实中它却是另一种"风格"。在这一点上来看，它不止是一座轰然倒地的神像，更是一场令人郁闷的喜剧。

　　半个世纪以来，我作为一位建筑师和教育者始终乐此不疲，我觉得现代主义令人兴奋，但是如果你按照今天的眼光认真看过本章的开始部分，你能认识到我

勒·柯布西耶设计的马赛公寓大楼成为中高层建筑的一个社会的、结构的、混合的样式。马赛，法国，1946—1952年。

们这一代建筑师和后来的建筑师不仅仅是激动和兴奋——我们被彻底地"洗脑"了。此外，还有什么可以让我们忽略早期的建筑作品？

我们这些现代主义的学生一心想追求更新的建筑，没有学习古典主义的比例和构成这些基础的东西，而这些东西正是现代主义的创始人在他们接受教育时学习的内容。建筑师的主要向导——过去的建筑——都已经遭到诋毁，创造建筑时所涉及的技能大部分也丢掉了。如果这些技能没有丢失，如果我们一直继续验证历史上的建筑实例，那么业余建筑爱好者和天赋并不出众的职业建筑师就能从即将建设的建筑中得到更好的引导。对于把欧洲建筑带到美洲的16世纪的西班牙修道士来说，他们获取此类向导比较轻松。西班牙修道士们明白，他们的艺术来自木刻版画中的建筑元素，来自他们真实可靠的记忆力。在创造时至今日我们依然赞不绝口的美国建筑方面，19世纪的计划书已经取得了极大的成功。如果这些传统在过去的岁月里能够始终在合乎逻辑和有机的轨道上向前发展，那么这些传统的衍生物将比我们今天已经拥有的更加成功。

激进的宣言引领了我们对新建筑的追寻。带着对所有历史学家的歉意，下面我将简单地回顾一下5名建筑师的信条，是他们的思想促进了建筑领域里现代运动的出现。

阿道夫·路斯（1870—1933）采纳的思想观点比他建造的大楼还要多。他相信，理性决定我们建筑的方式，他反对装饰至上的新艺术运动，并且在"装饰和罪恶"及其他论文中，表达了摒弃装饰的思想，因为这是调控激情所必需的。在这一点上，他有一句名言"装饰即罪恶（Ornament is a crime）"。事实上，他自己就使用过颜色，使装饰更加引人注目。

弗兰克·劳埃德·赖特，最负盛名的美国建筑师。在他在世的91年中建造了许多具有变革意义的建筑。他认为，他的有机建筑是建造建筑和奚落其他所有建筑的唯一有效的途径，在他接受美国建筑师协会金奖这一最高荣誉时，他只说了一句话："该是时候了。"有人赞誉他是"19世纪在世的最伟大的建筑师"，而他的美国风格住宅却是第二次世界大战后为中产阶级设计的房子的最重要模式，而且他的"广亩城市（Broadacre City）"概念影响了美国无计划占用山林农田、建造厂房的城市规划观念。

勒·柯布西耶设计的朗香教堂的流线型外形，摆脱了通常采用的格子形状的影响，预言了现代主义的动态雕塑形式，创造了那个时代的另一个标志。朗香，法国，1955年。

勒·柯布西耶引入了很有影响的功能主义建筑概念——"房子就是居住的机器"。他提出的要把巴黎夷为平地和以现代摩天大楼取而代之的极端激进计划影响了美国的建筑。他在瑞士做过画家的背景把我们所有人都带入了锋利、白色、棱柱形的形式，几十年后，简约的立体派的构成形式带来了充满活力的雕刻建筑形式。

密斯·凡·德·罗，作为一位建筑师，他被人们钦佩地称为抽象派大师、简化派大师和优雅细节大师，他教导我们"少即是多（Less is more）"。这句名言派生出了诸如"少即是少（Less is less）""少即是更有利可图（Less is more profitable）""多即是不够（More is not enough）"等许多格言。

沃尔特·格罗皮乌斯提倡他所谓的"新建筑"。迫使古典主义者约瑟夫·赫德纳特退出后，格罗皮乌斯在他提出的口号"不要回头看（Don't look back）"的

密斯·凡·德·罗设计的西格拉姆大厦为现代写字楼树立了典范。纽约，1954年。

基础上，为建筑教育创设了一种新的课程体系。在15年的时间里，他把关于色彩的内容从课程设置中清除。他的辩论法教学模式甚至比他的建筑作品更有影响。

这次令人兴奋的革命按下了"重启键"，使建筑师——实际上是所有设计师——为后面的4代或5代人重新思考包括从城市到咖啡壶的所有事物的形式。每一代人从老师那里重新学习这些宣言。而老师们依然认可现代主义宣言中的思想内容，这可能是因为还没有发现比这更进步的思想，或者更大的可能是，老师们已经被"洗脑"了。也许更重要的事实是现代主义为我们提供了一个迫切需要的工具，用来净化对建筑风格的破旧陈腐的诠释。如同我前面所提到的，这个时代里的许多建筑师、学生、教师把这些新理论和模式看做道德律令，他们使用诚实、正直、真实等字眼评价建筑。这些审美观已经被赋予了超越视觉灵敏度的地位，然而在许多情况下却是尖锐刺耳和不成熟的。

追随最早的"现代大师"路易斯·艾瑟铎·康（1902—1974）的那一代建筑师作出了反应，努力减轻这种刺耳的感觉。路易斯·艾瑟铎·康在得克萨斯州沃斯堡金贝尔博物馆和加利福尼亚州拉霍亚索尔克研究中心的建筑中，对于空间、结构和功能性元素使用了混凝土、雕塑的表现形式；乔恩·伍重（1918—2008）

乔恩·伍重富有想象力的设计——悉尼歌剧院——成为世界建筑史上最伟大的里程碑之一。悉尼，澳大利亚，1957—1993年。

设计了不可思议、魅力无穷的悉尼歌剧院；查尔斯·穆尔（1925—1993），徜徉于他设计的海滨牧场建筑的宁静之中；罗伯特·文丘里（1925—2018），质疑现代主义的形式和装饰主义艺术的复兴；贝聿铭（1917—2019），在这一时期他的许多城市建筑类型拥有技术和形式的优势。虽然这代建筑师继续提炼和提升现代主义理想，但他们发现在培训下一代建筑师方面，遵循安全、狭隘的现代主义观点还是比较容易的。

　　随后的一段时期，包括了一些真正优秀的现代建筑和数以千计的不是那么出色的建筑，向前迈进了几大步。来自加利福尼亚的富有创造性的建筑师弗兰

路易斯·艾瑟铎·康在设计拉霍亚索尔克研究中心时，通过具有复杂功能的纯雕塑使大海显得更加美观。拉霍亚，加利福尼亚州，1959—1966年。

查尔斯·穆尔在他的海滨牧场作品中创造了一种源于当地建筑的形式，为美国提供了一代小型建筑物的模式。海滨牧场，加利福尼亚州，1964年。

克·盖里（1929—），在设计西班牙毕尔巴鄂古根海姆博物馆时创制了他的雕塑和建筑杰作，并且在洛杉矶迪斯尼音乐厅的设计中延续了这种风格。这些建筑物与地域主义、国际风格，或后现代主义、解构主义、极简主义或其他主义无关。它们表现出个性化的设计演变和进展，这其中个别天才建筑师充分利用了数字软件和创新技术，这些天才尽管处于上述所有影响之中，但却为人类贡献了非凡的、全新的、美丽的建筑。建筑批评家们把这种新的范例称之为毕尔巴鄂效应（Bilbao Effect）。在类似的前进历程中，西班牙建筑工程师圣地亚哥·卡拉特拉瓦（1951—）在建筑领域用引人注目的结构方法，在桥梁和楼房建设中实现了卓越非凡的雕塑表现力。在这些设计中，雕塑的非凡特性提高了建筑物的品位，它可能在对地域主义的地方认同不做任何妥协的情况下，融进自然风光或城市风景中。这些实例表明，在这个全球化时代，地方认同可以获得更大价值。与此同时，地域主义的典范在很复杂

贝聿铭是许多类型建筑的设计大师，在博尔德市外，他按照希腊修道院的样式设计的美国国家大气研究中心提升了高山的景观。科罗拉多州，1965年。

的水平上出自诸如詹姆斯·卡特勒（西雅图）、费·琼斯（阿肯色州）、休·纽厄尔·雅各布森（东海岸）、大卫·莱克和特德·弗莱托（圣安东尼奥）、瑞克·乔艾（图森）这样的建筑师之手。这些建筑师在现代主义的王国里努力工作，但除此之外，他们也采用新理论和通过精致的态度来探索地域主义的路径。

在墨西哥和西班牙，现代主义同样兴盛，地域主义也遭到排斥，一个同等重要的设计领域里满是里卡多·理格瑞塔和拉法尔·莫尼欧的卓越建筑艺术，这两

弗兰克·盖里为西班牙毕尔巴鄂市设计的古根海姆博物馆出色地完成它的使命，使这座城市声名远播，游客络绎不绝。同时它也为世界和建筑史树立了一座建筑里程碑。毕尔巴鄂市，西班牙，1997年。

位是不能不提的领袖人物。这个领域能够满足两种思想意识的需要，也能够为极简主义增添活动空间，有利于一种看起来能在各种不同环境中发挥作用的建筑的设计。

这些新思想和演变是建筑的乐趣所在，同时也产生了意想不到的结果。不幸的是，在大多数当今的设计思考中，现代主义仍然要求我们抛弃先前的思想。它是一种"建筑上的阿尔茨海默症"。老一点的建筑变成了教育家所谓的"历史"，也就是说，它在设计上不适合目前使用，仅适合从建筑背景和文化背景考虑。最重要的和令人遗憾的是，许多"现代"思想没有完成它们原来的承诺：没有装饰的建筑会更好。例如，新建筑材料的使用年限将比传统材料更长久，人类的生活将更加简单和更加美好，城市会为市民提供更多的便利，等等。而且更糟糕的是，因为老的建筑思想、旧的设计技巧被清除，建筑工艺在慢慢减弱或者在人们的忽略

建筑师和工程师圣地亚哥·卡拉特拉瓦借助于拉力的使用，给桥梁和大楼带来了结构技术和精湛的艺术技巧。密尔沃基艺术博物馆新馆，密尔沃基市，威斯康星州，始建于1995年。

费·琼斯，一个弗兰克·劳埃德·赖特的追随者，在奥扎克山的树林中建造了临时用的玻璃和木结构的礼拜堂，它能够变幻出一般人造建筑中罕见的梦幻般的效果。尤里卡温泉，阿肯色州，1980年。

中失传。我认为从传统中汲取营养远比从零开始要好。现代主义的大多数内容是其自身的衍生物，这和新古典主义如出一辙。既然如此，那它怎么能够在百年后就不再是自己的衍生物了呢？

　　现代主义备受欢迎的显著优点过去是，现在依然是：它很便宜。便宜使它立刻流行起来，因为人们可以利用大楼建设预算去做除了盖楼之外的各种事情，而且获得的利润暴涨。造价低廉的大楼的使用年限越短，它越能提供更多建造新楼的机会。现代主义理论经常说的廉价为开发商、银行家、建筑业带来了恩惠，至少在短期内确实如此。

　　在这里，如果听起来我有些保守，那么我要告诉你们，我也喜欢"新"——当然它是在天才建筑中，也在我自己的努力中。至于我个人与这些思想的关系，我发现自己根本就不是一个传统主义者，因为我是一个不愿随波逐流的人。我不能减少当前对建筑理论的思考，但是我会和别人分享一些关于我个人对如何处理这些问题的想法。

建筑师大卫·莱克和特德·弗莱托共同合作研究，开拓、巧妙处理得克萨斯当地的设计传统、最新的建筑材料和现代主义的技术。奥斯汀湖边住宅和船库，1980年。

建筑师里卡多·莱戈雷塔，在设计现代艺术博物馆时，改善了墨西哥建筑的简单本土形式和饱满的色彩，创造了现代艺术博物馆的开阔空间。蒙特利市，墨西哥，1991年。

显而易见，我已经进入了一个完全不同的建筑视野，我的观点立场与现代主义的道德概念，以及现代主义延伸到后现代主义、解构主义、极简主义等诸如此类的风格有所不同。在最近风靡一时的设计风尚中，美国建筑师协会金奖获得者费·琼斯说："我想我会冷眼旁观。"我同意他的观点。在西格弗里德·吉迪恩的时代，"时代错误的""浪漫的"等词汇曾被赋予消极的涵义，这些词令我感到很舒服，因为我学会了把它们和带给我无数快乐的建筑联系在一起。

从这座18世纪房屋的门廊看过去，人们可能不知道它是工匠们使用传统工具和18世纪的建筑材料在1997年用手工建造的，没有使用任何动力机械。卡萨塔夫达拉，圣米格尔·德·阿连德，墨西哥。笔者设计，1997年。

为了寻找新的古老建筑思想，我和妻子艾登迁往位于墨西哥中部、历史上赫赫有名的、建于18世纪城镇——圣米格尔·德·阿连德。那里全然没有了现代主义的影响，人们带着有丰富凝聚性的艺术想象力，仍然在用18世纪甚至更早时期的方法建设自己的家园。1927年就被置于城市中心的建筑保护法，使圣米格尔·德·阿连德的历史中心的地位不被20世纪的建筑或城市规划观念所干扰。这座城镇走过了19世纪和

20世纪，作为一个魅力四射、浪漫迷人、美丽如画、风景别致、有历史内涵、存续了将近7万年的永恒城镇继续存在。站在历史中心眺望，几乎每一次收入眼底的都是光彩照人的欢愉景象，充斥着色彩和结构、富有创意的形式和轮廓、个性化的立面装饰和迷人的地面规划。在一个异类的混合体中，所有的一切被连接在一起，人们在这里可以不需驾车，轻轻地步行在石头上，而不是沥青或混凝土上，就可采购到所需要的日用品。这里的建筑只有两层，没有侧院和后院，因此建筑密度很高。这里严格控制停车，为城镇成为步行街提供了充分条件，是的，这里布满了轿车，但仍是适宜步行的街道。这不是一个像佛罗伦萨那样美不胜收的地方，不过它更加平易近人，适宜居住，有讨人喜欢的日常建筑和密集的人居城市形态。此外，作为一座历史城市，它的气候和紧凑布局使其能减少对能源的依赖。圣米格尔·德·阿连德和类似的数以千计的城镇鞭策着我们重新思考我们

建筑师瑞奇·乔艾设计的图森山区房屋与地形很匹配屋顶的斜面、笔直的仙人掌，以及在沙漠中唾手可得的建筑材料。图森西部，亚利桑那州。

远离卡萨塔夫达拉的一个街区叫卡西塔布兰克，同样是笔者设计的，使用了同样的工具、材料，工匠和现代主义的建筑思想。圣米格尔·德·阿连德，墨西哥，2003年。

对适合未来的建筑所做的假设。我们未必需要迁徙到一个历史城镇，亲身体验更人性化的生活方式，重新发现它的吸引力。尽管由于强烈的需求和有限的实用性，历史区域正在变得越来越珍贵，但是它们的榜样效应能够鼓舞新城镇的发展和老城的重建。

追求一座合适的建筑已经成为一个主要的公共话题，因为它在影响我们的生活质量。幸运的是，今天一些重量级的建筑思想家正在以振奋人心的方式摸索新形式。令人鼓舞的是，今天的学生也更有怀疑精神，因为他们非常聪明——而且可能也比前两代人对"洗脑"更有免疫力——设计可能以卓有成效的方式向前演化。

第五章　建筑艺术远离建筑物了吗？

形式服从功能。

——路易斯·沙利文（1858—1924），美国著名建筑师

形式追随金钱。

——史蒂夫·罗斯（1957—）

亲爱的理查德：

　　你说"建筑艺术已经远离建筑物了"，而且你在信中还谈论了如何以富有意义且触及社会最深层面貌的形式实现建筑梦想，视野远远超出个别建筑物的品质。我同意你的看法。作为建筑师队伍中的一员，更进一步说，作为一个开发商，在投资效果方面，以及随着时间流逝公众对此的反应方面，你都难以预测，而且会感受到风险。所以，如果是建筑艺术离开了建筑物，那么我们怎么做才能使之回归？

　　超出建筑物的功能需要及当前建筑的表现方式来思考，会涉及许多严肃的问题。人们聪明的大脑继续在画板、计算机、文章、书籍、论坛，而不是在砖块和灰泥中寻找答案。这是一个需要参与的活跃热烈的讨论。巴克敏斯特·富勒成为那些伟大思想家和到处可见的兴奋激动的观众的缩影。

　　多年以前，我和同伴应邀在这样的一个论坛上做一场报告，发现我们排在富勒先生后面演讲——这是一个发生在年轻建筑师身上最令人尴尬的经历。这不仅是因为他在理性思考方面的伟大和他发明了网格球顶（geodesic dome），而且是因为他能够凭借连续不停地演讲三四个小时而广为人知。令每个人都感到惊讶的是，那天早晨富勒先生在规定的时间内完成了讲演。在为他的精彩表演而响起的长时间掌声平息下来后，我和同伴登台进行现场多媒体展示——《空间是一场幻觉》，我们使用了两个解说员和两台幻灯机来详细阐释自然界中的空间、建筑中的空间和城市生活中的空间等概念。在那个1967年于达拉斯举办的得克萨斯州大会上，来自三百所公立学校的艺术教师们作为观众非常专心致志，也很有欣赏水平。但是，在我们完成了报告后，富勒走到我们俩跟前说："年轻人，你们像在空气海洋的底部爬行的甲壳类动物。你们已经超越了这个层次，明天早晨8点在我下榻的酒店我们见个面，一起吃早餐。"

　　那个晚上，我们在达拉斯美术馆听到了他传奇的4个小时的演讲中的一次。在讲演的中间，当他说到运动的能量和顶棚结构不是很重要时，他问道："谁是这个博物馆的负责人？"杰尔·巴艾沃特斯馆长站了起来，富勒说："先生，你的博物馆的重量是多少呢？"没人能回答这个问题，但是这引发了另一个广泛的话题。我们和富勒先生的早餐变成了另一场令人振奋的持续了4个小时的讲演，这一次听众只有我和同伴两个人，内容包括了浩瀚宇宙和富勒应对挑战的方式。那天中午，我们怀着极度兴奋的心情把他送上飞机，然后开始全力以赴地进行"超越性的思考"。

　　超越自己的设计规划进行思考能带给你很有价值的洞察力，认真考虑你的设计会怎样影响你所在社区的生活质量，它如何与城市背景、周围环境、地区传统、其他建筑、周围的社区、所处的时代以及全面可持续发展等方面发生联系。即使你的建筑设计和船库一样简单，但是如果你能想到帕拉第奥、科尔比和康如何看待你的设计，你就能考虑到设计的更多方面。所以，在开始设计前，你必须退一步思考问题，想想存在于今天建筑中的一些问题。

　　20世纪，超越性思考催生了一些伟大的建筑：康设计的得克萨斯州沃斯堡金贝尔博物馆，盖里设计的毕尔巴鄂古根海姆博物馆，伍重设计的悉尼歌剧院，勒·柯布西耶设计的朗香教堂，赖特设计的流水别墅。在人类书写历史的时候，这些伟大的建筑以及其他建筑，作为具有重要意义的个人作品而著称于世。

　　然而，当你环顾四周时，你会发现我们的城市环境中的大多数不再具有吸引力，也根本不能代表我们所喜欢的高水平的文化。我们的郊区和农村环境被轻率建设的建筑污染了，这些任意建造的建筑分布极广，杂陈于精心设计的建筑中间。为了理解面临的巨大挑战，请将我们已经建成的建筑数量视为我们这个时代的"物质生产总值"，把好建筑视为"物质生产净值"。非常明显，我们的物质生产净值占总值的比例是极小的，毫无疑问，我们可以做得更好。请你们理解，我所关心的是缺少"好"建筑，而不是缺少伟大的建筑。伟大的建筑一直都是很稀少的。

　　我们生活在历史上最先进的文化中。那么，为什么我们看到的在建的大多数建筑，在视觉层面上和社会层面上如此令人不满、与周围格格不入呢？像我们这样的发达国家拥有建设大量供人们居住、工作和娱乐的建筑所需要的技术、财富、政府机构和商务机构，为什么我们平常经过的街道和建筑物不能漂亮一些呢？除了成本，一个很大的原因是美（beauty）过时了，我们看起来不再需要寻找美了，为什么？直

房间是优雅的、迷人的、舒适的、和谐的，这个区域可以说没有风格，几乎没有时代感。布兰克小屋（casita blanco），笔者设计，2003年。

到最近建筑系里的对话才超越功能和理性，触及了美的概念。建筑师们好像对使用"美"这个单词有些尴尬。"美"究竟怎么了？业余爱好者当然理解美是怎么回事。我们喜欢人类中的美，也喜欢大自然中的美，那么为什么不喜欢建筑物和城市中的美呢？同样地，我们很少能够听到雅致、迷人、舒适、和谐这些词语；相反，可以听到社会目的、干预、功能、适用性、风格、可持续发展和许多深奥的概念以及简单的专门术语。最终，这种理智化表现得越来越具体。

如果我们知道如何拥有那些历史悠久的优点，那么对业余爱好者和非伟大建筑师将是有帮助的（是的，我们中的许多人都是）。我们需要知道如何通过合适的建筑为我们的生活创造美丽、魅力、雅致和舒适——提升数以万计的、位于相距遥远的、罕见的伟大建筑之间的建筑物的层次。

到底发生了什么？公共街道是建筑师用来"发布声明""让它新颖一些""创新""干预"的场景。这些在建筑系里被提倡和鼓励的目标，本来就与协调的街景不同——与一些人的想法不和谐，你认为它很光荣显赫，但是在其他人眼里却是道德干预。考虑到倾向日渐突出，我认为它跟音乐系有些相似。老师教授音乐专业的学生表演时要像独唱演员那样站起来，尽管将来毕业离开了学校，大多数人将坐在管弦乐队里，而不是做一个独唱演员。尽管建筑师接受的教育是要做独唱演员，难道就不能同时也学习如何坐下来做管弦乐队的一部分？让我们来面对这个挑战，在今天学校里几千名建筑专业的学生中，我们能否每年或者每十年出现一个伟大的独奏建筑师？可能不行，那么为什么不把注意力集中于非伟大建筑师和非建筑师身上，建议他们学习坐下来并且做合唱团、管弦乐团的一员？

不管是否合奏，我们在经济活动中建造的建筑物都是造价低廉、使用年限短的建筑物。我们身居其中的文化主要和商业紧密相关。建造了大多数建筑物的私人企业，自然而然必须从投资中得到很好的回报，否则这笔投资没有多少价值，市场总是在制造大量一次性的、用后抛弃的建筑物。废弃的、未被充分利用的建筑物塞满了整个城市，却又被新的建筑物远远地甩到身后——它们有更具竞争力的设计和更理想的市场地位，跃跃欲试准备伺机取而代之。投资者是否期望值太高、太迫不及待了？相比今天来看，第二次世界大战前在建筑上的投资在短期内回报比较低，因为投资建造成本更昂贵、建筑质量更好的建筑物，投资商要把更多的资源投入到提高设计质量和工程施工上。这就提出了这样一些问题：建筑预算能否兼顾改善生活质量和使投资获得足够的利润？"美"——或者，如果你喜欢，也可以称作"高视觉质量"——是从利润回报中扣除还是计算到利润回报里面？如果好建筑在市场上没有得到尊重，那么市场还是我们生活质量的绝对评判标准吗？我们面临的窘境是，对于好市场和好建筑，我们想鱼和熊掌兼得。

　　绝大多数建筑专业人士为委托人提供服务，这些委托人建设规模巨大的商业楼盘、高层建筑、社会公共建筑等，但是极少建设住宅。不管价格如何，这个行业很少被邀请参加普通建筑、商业街道、零售业仓库和各种类型住宅的设计。甚至为投机市场建造的数百万美元的住宅通常也不寻求建筑师的帮助——或者即使需要注册建筑师的援助，也仅仅是为了达到获取建筑许可的目的。我们的志向是什么？

　　为什么在这些建筑物里建筑专业的使用如此有限？一个原因是，职业建筑师的服务成本可以从建筑成本中节省下来，施工图纸可以在不以建筑为目标的建筑

公共的开放空间为公众提供了一个散步、约会、交谈的地方。得克萨斯大学西部商业街，奥斯汀。

业的某些地方完成。另一个原因是，建筑专业和建筑业的其他方面是隔离的。设计服务可以通过具有财政优势的建筑承建者提供。我们专业服务的传统不认同承建者打包服务的思想，因为承建者在管理工程施工时会提出明显的利益分歧。可是，当我们和承建者组成一个团队，生产精心设计和细致施工的产品时，我们这样做就是放弃了赋予建筑服务更高价值的机会。许多国家把设计和施工的任务交给同一个机构来完成。建筑承建商和建筑师都能从这种做生意的方式中获益。

尽管人们经常对此浑然不知，但是相比施工成本、室内陈设、还本付息、缴纳税收、操作预算、建筑维修保养、多年的公用事业费用，设计成本几乎无关紧要。如果"美"是如此便宜，为什么大多数建筑开发商放弃"美"，通过不雇用建筑师来节省极少的成本？这样做是傲慢自大还是愚昧无知？我们注意到，非常成功的开发者，如休斯敦市的杰拉尔德·海因斯就很明智，他们雇用世界上最好的建筑师设计规模很大、壮观雄伟的建筑，他们凭借出色的设计可以捷足先登、赢得市场优势，这样的开发商在使社会获益的同时也为自己带来了可观的利润。

好设计的障碍不仅是成本，它们表面上看来是无限的：常规挑战、财务挑战、社会挑战、工程挑战、可持续发展挑战和大量的其他设计挑战。这种比赛就是每次战胜一个挑战。

业余爱好者（记住，业余爱好者就是那些热爱建筑的人）能够激励把社会资本或私人资本投资到好建筑和好社区，或者他们把个人的注意力作为一种投资。被提议的公共建筑理应从有关的社会公众那里募集到大量的资金。新公共建筑是社区的一种表现方式，这样选择建筑师需要足量的投入和有效的监督。设计的完美事关尊严和自豪，事关审美责任——与我们的社会和政治责任同等重要。为了帮助实现审美责任的目标，在中小学中再次引入艺术科目能够有所帮助——更根本的是——我们能够让学生们在中小学教育中接受建筑艺术的熏陶，如果我们认为那是我们生活中非常重要的一部分的话。

供人们生活、工作或只是居住的建筑组成了一种艺术形式，我喜欢徜徉其中：城市建筑，大学校园，一个16世纪的村庄，被设计得妙不可言的任何一个地方。不过，我的超越性思考达不到巴克敏斯特·富勒那样的高度——他的思考可能超越了火星。

第二部分

基础层次

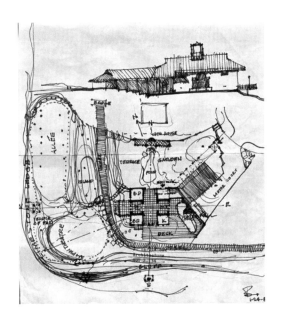

第六章　与建筑师一起建造建筑

在忘记最便宜的价格带来的甜蜜许久之后，建筑质量低劣导致的苦楚将是挥之不去的梦魇。

——佚名

亲爱的托马斯：

　　建造一座建筑，你可以有三个选择：雇一位建筑师，成为一位建筑师，或者学会像建筑师一样思考，其中最有把握的当属与一位建筑师合作共事。我确信，你在信中提到你作为建筑委员会的主席，你会遇到很多问题。比如你怎样挑选一位建筑师？成本是多少？能提供什么服务？你怎样与建筑师合作？你能从中获得什么？

　　挑选一位建筑师可以采用许多方式，这与挑选诸如医生、律师、会计师等其他专业人员一样。你已经看到或听说他们的工作符合你需要的质量标准，他们有良好的声誉，你信任并放心与这个公司中的一个人合作开展你们的项目。

然而，在其他方面，挑选一位建筑师却迥然不同。这种关系是针对个人的，并且经常很紧张。你想和别人分享对于这个最终将呈现于世人面前的建筑物的梦想和希望，你想告诉别人你会如何生活和渴望过什么样的生活（如果这是你自己的住房），或者如何实现你在一个公共或商业建筑中的特定目标。同时你也在寻找与你的个性相匹配的建筑风格。

你寻找的专业和艺术品质有能力为你的建筑带来便利、坚固和愉悦——这是古罗马建筑师维特鲁威斯风格的三位一体，也就是功能上的实用性、结构和机械上的坚固性、感官上的愉悦性。此外，你想让它按时完工，并且不能超出预算。为了选择建筑师，你要进行调查、评估，和你的伙伴、委员会成员和董事会成员就最终的决定达成一致意见。

你要求建筑师是个很好的倾听者，关注你的需求和渴望的细节。但是因为你希望建筑师拿出好作品，而不是唯你马首是瞻像一个绘图员那样建造建筑，所以他（她）必须有设计的自由空间，这是工程在建筑上取得成功的最根本的要素。客户和建筑师必须齐心协力。

为了更好地举例说明这个道理，我给你讲个故事。有一次，我和一个经验丰富并且在建筑上极为精明的客户共同建造一处房子，我的设计看起来美轮美奂，就像是对想象中景观的几何形式的抽象和提取。它是如此完美以至于我担心我会屈服，迫使房子的功能去服从理想化的建筑形式，所以我要求同客户会面。我有一个议事安排，包括7个方案，每个方案都列举出一个或更多的方法，我已经做好让步的准备，即使建筑功能对建筑形式做出一定的妥协，也要让房子的功能尽量好一些。但是客户微笑着否定了我提出的7个方案，正式宣布："客户，7票；建筑师，0票！"让我把房子造得更好——在这种情况下，最终决策当然是建立在维特鲁威斯风格的便利服从愉悦的基础之上。这个客户太聪明了，他明白他仅牺牲了最少的功能性却收获了最多的愉悦。这更证明了另外一句格言："只有让客户满意的建筑才是最成功的"。

必须仔细挑选建筑师的另外一个原因是，你和建筑师的关系要存续多年。你可能和建筑师在一起的时间比你花费在医生、律师和会计师身上的时间还要多。作为一位建筑师，我在做一些工程时，和客户们共事了15年。从建筑师的角度思考，我尽量让将要和我一起工作的客户了解我，我同样明白，客户也是充满渴望地寻找他们乐于共事的建筑师。为了这个目的，早年我和合作伙伴去听音乐会，在幕间休息时，我们俩从便宜的包厢席飞快地跑下四层，和在门厅里的潜在客户打招呼。我们总能规律性地发现我们所要寻找的客户，并且最后我们成功了。

大多数挑选决定要在面谈后做出，面谈通常颇具竞争性，因为毕竟客户有时要花费数百万美元，他要寻找一个值得信任的人，而且建筑师也会不遗余力地争取得到这个代理。通过公开讨论需求、资格和预算，双方在寻找一个契合点。

在筛选过程开始前，你应该已经形成了一个大致想法，包括你想建造什么、建筑的目的、你准备在哪里建造。你会得到很好的建议，随时准备接受新鲜事物，而不是太专注于特殊的地点，因为随着工程的进展，你将得到关于你正在从事的建筑种类和施工类型的最新信息。建筑师接受过较好的教育，而且通常在基础艺术和专业理念方面具有丰富的经验。同时，作为客户，你的角色来自一套不同的经验，这同样也是建筑质量和效能的关键性因素。两种角色促使这种关系产生"化学"反应，你们在完成工程的过程中变成了伙伴。建筑承建商，是整个团队的第三重要成员，他出现得要晚一点。

把你的大致想法转化为明确的要求，这是在规划设计的初步设计阶段可能你将做出的最重要的一系列决定。在一座复杂建筑中，设计可以由一位建筑师或由一个单独的专业人员来完成，这两者中的任何一个都会帮助你决定哪种类型的空间才是真正需要的，各个部分之间是如何联系在一起的，设备的作用是什么，由此在开始设计前详细说明这个项目。在一座复杂的公共或商业设施中，规划往往从专业规划制作者提供的服务中获益匪浅，他们与你的职员和领导层一起评估你的需求和意图。在工程项目要创造收入的情况下，规划设计应该和预定评估书结合在一起进行。所以建筑师需要把规划做得更细致，把细节阐述得更详尽。这样做的目的是在施工开始前而不是开始后才做出主要决定。

个人设计一座房子，或一个企业家规划一个商业工程，与一个公共机构的董事会使用公共基金来建造一座博物馆或一所医院有天壤之别。但是，无论何种情况，建筑师和客户之间都存在着私人关系。随着工程变得越来越复杂，建筑师组织的构成与他（她）的顾问团队的组成必须明确。当然，客户的建筑委员会和职员的复杂性，可能也要求为了使工作安排更有效率而做必要的调整。

挑选建筑师的实际程序有好几种形式。最简单的形式是在你能得到的资料中，挑选最好的3~5个建筑师，开始和他们谈论你的工程。然后要求能一直让你感兴趣的那些建筑师带着你参观他们设计过的建筑，把你介绍给他们的客户，从中你观察他们实际上是如何解决特定客户的建筑设计要求，客户是如何评价建筑的成功之处的，你自己对建筑成品切身体会的舒适度究竟如何。看看它与预算和工程进度表吻合得如何。问问你自己，你是否热衷于与一位特定的建筑师度过这么漫长的合作过程，讨论一下费用安排。确信你已经"检验"过足够多的建筑师，感觉可以做一个正确决定了。那么就开始吧！

对于一个大型的公共工程，也会经历类似的事情，同样有一个董事会，但是搜寻的内容更全面、更透明，更关注社会责任。第一步是指定一个选择委员会，任务是审查并向董事会推荐第一、第二、第三选择。选择委员会可能包括主要的捐赠人、政治代表、建设专家和不考虑参与设计该工程的有见识的建筑师，以及雇用的能够推荐候选人并对正在被考察的人选发表评论的建筑顾问。建筑顾问可能是德高望重的退休建筑师，也可能是对某一特殊种类的工程学识渊博的本地建筑学教授。

如果你在挑选建筑师时动用了社会资金，你必须在一份合适的出版物上向专业人员发送一份详尽的资格评估申请书，这样所有感兴趣的和有资格的建筑师都能得到参与的机会。委员会或其顾问会向董事会推荐一个建议联系和发送资格评估申请书的建筑师名单。因为最受尊敬的建筑师会收到许多资格评估申请书，如果他们全部反馈，会花上几千美元，所以委员会还是需要去寻找对该工程最感兴趣的建筑师并鼓励他们反馈信息；为了激起他们对该工程的兴趣并促使其提交资格评估申请书，私人拜访可能很有必要。随后要审查对资格评估申请书做出回应和看起来有资格的建筑师。审查最好是由整个委员会来负责，一个重要的工程上可能会涉及上百个职位。每个成员都对一个公司进行排名，再由整个委员会决定如何得到一个包含10个或12个公司的名单以便进一步讨论。这些公司被逐一讨论，排除不合适的，最后剩下3~5个接受下一步的审查。这三五个公司通常被邀请到委员会和工程地点，向委员会展示他们自己、对工程的想法、在工程中的目标以及他们的顾问团队。这时候询问建筑师口头意见是不明智的，因为他们对于你的工程了解得还不充分，甚至还不能提交一份信息丰富的草图或一个模型——在他们对工程、地点和你的意图充分理解前，这样做的时机还不成熟。委员会经过进一步的深思熟虑后，可能定下2或3位建筑师，然后应该去拜访他们的办公室、他们最近的某些作品和客户。对于他们办公室里谁将从事这项工程、费用安排、实际的咨询公司和它们的资质、时间表、交流沟通的细节等，在做出最终决定和签署协议前，都可以详细审查并进行讨论。

对于一家个体公司，最简单的方式是确定一位建筑师，然后开始干活。这也是我设计的大多数建筑的开始方式。

设计竞赛除了要对所有建筑师敞开大门，还要遵循美国建筑师协会的特殊程序，所以要采用最复杂的方式。设计竞赛得到了专业顾问的支持和指导，他将

恩里克·费米，诺贝尔奖获得者，研制了第一座核反应堆。为了建造一个纪念他的城市广场而举办了一次国际设计竞赛。伊利诺伊州芝加哥市的城市广场获得了大赛第二名。詹姆斯·布拉特、乔安·布拉特和豪·鲍克斯设计，1957年。

①设置竞赛程序，包括设计项目；②选择一个评判委员会，来评价提交的设计方案；③提出问题；④接收最后的方案。是评判委员会而非客户有权决定获胜的设计方案，尽管评判委员会中可能包括一个客户的代表。被选中的设计方案的建筑师将获得现金奖励或被委任来做这个工程，或同时获得上述两种殊荣。一些竞赛对所有建筑师开放，而一些竞赛只有受邀的建筑师才有资格参加。设计竞赛是一个花费昂贵的过程，它在欧洲比在美国更普遍。设计竞赛的风险是最后胜出的建筑师对客户而言可能不是最好的，而设计竞赛的优势则是年轻的、已确定的建筑师表达的建筑思想可能会超出所有的想象和期望。

1957年，我和合作伙伴有生以来第一次参加国际设计竞赛，这是战后举行的最早的设计竞争之一，在美国很有影响。芝加哥的恩里克·费米纪念广场项目是由20世纪建筑界的一些重要人物组成的评判委员会来做评委，包括密斯·凡·德·罗、戈登·邦沙夫特、何塞·路易斯·塞特、P. L.奈尔维和兰斯洛特·怀特。我们参与这次竞赛是因为我们非常想了解这些伟大人物如何评价我们所做的事情。有了雕刻家乔安·布拉特的加盟，我们经过努力，从来自25个国家的355名入围者中脱颖而出，获得了第二名，得到了评判委员会的认可，一些重要的杂志还做了报道。这是一次令人幸福的胜利，对我们也是一个巨大的鼓舞，使我们相信自己也能成功。很快我们参与了另外一次设计竞赛，这是由马提可（Matico）公司在1959年发起的住宅区设计项目，目标是为中等收入家庭提供更好的生活条件，评判委员会的主席是著名建筑师、麻省理工学院建筑系主任彼得罗·贝卢斯科尼。我们获得了一万美元的大奖，这是对我们工作相当大的认可。我们还受委托在弗吉尼亚州和肯塔基州设计住宅区。10年以后，当我们认为路易斯大街市区的城市设计竞赛正好可以发挥我们的设计特长时，我们决定参加竞赛，于是在设计上花费了数月时间，完成了从密西西比河的拱形入口经过市区到联合车站和卡尔·迈尔斯雕塑花园的整个设计过程。我的三个合作伙伴都亲自前往路易斯大街进行了多天的实地研究。唉！只是这次竞赛我们没有成功，我们每人至少花费了一个月的薪水，可见此类竞赛对所有参与者来说都是昂贵的。

对于复杂建筑工程的另一个考虑是，它们需要一个专家队伍，专家们有时在建筑师办公室内进行内部交流，但更经常的是，独立顾问在一个专业领域内和许多不同的建筑师一起工作。顾问可能包括城市设计、交通、场地设计、地基、结构、能源和水源涵养、管道工程、照明系统、音响系统、食物供应、电梯、建筑规范、消防、安保、室内设计、景观设计、供暖系统、通风系统、空调系统等方面的专家，以及医院、体育设施和机场等施工类型方面的专家。什么时候需要和是否需要这些服务，以及由谁支付服务费用，这些内容在你签署的协议中必须有明确规定。

建筑师的服务费用是多少？服务范围、建筑类型、个体公司的费用将是关键的决定性因素。最简单的费用基数是成本加上直接费用的协议倍数，借此公司负责人及其雇员为客户开账单，即成本加上一定倍数——通常是2~3倍。这种协议可以通过几个小时协商达成，或者决定达成一个可修改的协议，支付方式是按月支付。在许多工程中，我有一些这样的协议模板，延续使用了好多年，不需要为每一项具体服务再谈判新的合同。

按建筑成本的一定比例确定费用，是从最初的草图设计阶段到最后的施工阶段全部服务的惯例基数，为此要逐月提交工作每一阶段完成情况的报告。费用比例是确定的，唯一的变化是，如果工作范围发生了改变，建筑师需要重复已经完成的过程。在这种情况下，费用就变了。对于公共建筑而言，通常的比例是建筑成本的6%，像医院或错综复杂的改建等技术工程的比例可以提高到10%。商业建筑的费用比较少，且随建筑类型的不同而有所改变。设计住宅的全部服务费用至少要占建筑成本的20%，一些比较优秀的建筑师将需要18%的费用。当工程内容非常确定时，有时会签订建筑师服务的一笔总付合同。最通用的合同形式是美国建筑师协会制定的系列合同中相应合同的最新版。

业主通常有责任提供建筑基址的技术信息：对建筑基址的法律描述，标明地面分界线的界标；显示树木的位置和其他地理特征的建筑基址的地形平面图，包括有效的入口点；对地下土壤和地基的勘查。整个工作分阶段进行。草图设计阶段包括上面提到的规划设计和参观国内类似的建筑，把相关情况告诉客户和建筑师。在设计一座酒店时，我很荣幸地和我的客户研究了美国最好的酒店和饭店。在挑选一位博物馆建筑师时，我们的委员会成员周游全国了解博物馆、博物馆建筑师以及客户的观点。在某些情况下，建筑师和他们的客户一起到国外游览，以便从伟大建筑中获取知识和灵感。你挑选的建筑师应该有广泛的游历，能够告诉你对工程设计有借鉴作用的重要先例。一旦对程序和建筑意图有了充分的理解，我们的工作会按正常阶段继续推进，在草图设计和规划阶段之后，依次为方案设计、设计深化、施工文件、施工合同招标和谈判，以及施工管理。

在方案设计阶段，建筑师与顾问和其他专家共同研究建筑结构、机械、景观、室内设计，然后概述工程的参数。他（她）有效地组织功能性元素，开始确定空间特征及其与基址的关系。组织上和建筑上的基本决定都要在这个阶段完成。这个阶段有时要进行多次尝试，有时第一次尝试就成功了。这个过程不能过于仓促，因为无论是建筑师还是客户，在继续行动前都要感到满意才行。为了达到这个目的，建筑师在设计时要多做一些尝试，以确保已经找到最好的方案。在这一阶段，建筑师的工作速度通常可以和客户做决定一样快。方案设计决定了建筑物规模的大小、功能如何配置、如何与基址协调：对于建筑物的空间和特征是什么样子，基于建筑面积和施工类型的初步成本评估如何，它也提供了一些想法。虽然这仅仅是方案设计，但是它应该确保下一阶段的设计是一个绝妙的设计。设计团队15%（有时候更多）的工作和报酬都包括在方案设计中。如果客户选定了建筑师的方案设计就是想要达到的建筑效果，而且还做好并同意了初步的成本预算，那么设计就可以转入下一阶段：设计深化。

设计深化阶段正如它的名称所显示的那样，它是设计的所有细节、每一个房间和每一个外部表面的深化。要做出全方位的设计决定——原材料、照明系统、取暖系统、空调系统、语音系统、能源消耗和其他建筑系统。顾问要再次参与到设计团队中来，确认和调整建筑中所涉及的众多系统。这个阶段的工作主要在建筑师设计队伍内部进行，因为这是他们冥思苦想解决建筑系统的复杂难题的时候。要研究、检测建筑物所有部分的设计，要把建筑物各部分联结成一个整体。客户将检查进展情况；建筑师希望把需要客户回答的问题进行细化，当这一切向前推进时，对设计的初步观察也在同步进行。到这一阶段结束时，设计团队大约35%的工作已经完成。当客户同意了设计深化文件和初步成本评估，并且在这两份文件上签完名，那么工程就可以进入下一个阶段：准备详细设计、绘图，以及在评估、招标和施工中要用到的各种技术说明。

施工文件阶段对设计做了详细解释，使具体负责施工的承包商和转包商能够充分理解设计内容。这些图纸和技术数据精确地规定了建筑形式和比例、材料、施工方法、成套机械、电力和管道设备及其系统。这些文件构成了业主、客户和总承包商之间合同的主要内容。至此，建筑师大约80%的工作已经完成。

在招标和谈判阶段，最适合的总承包商最后胜出，以法律文本的形式就成本和付款条件达成一致意见：设计图、技术说明、普通保险条款、业主和承包商之间的合同等四方面的主要内容，这些内容需要双方完全同意。可以通过工程招标的方式挑选总承包商，或在选定好的一组承包商中招标，或对所有的承包商招标，公共工程都是这样操作的。要认真考虑和对待资质最低的投标者和其他低资质的投标者（出价高和出价低之间的很小范围表明承包商为了投标做了充分的准备，许多供应商和转包商已经彻底理解了招标。它也衡量了作为投标基础的建筑师文件的清晰度）。对于公共工程，除非有好的更改理由，否则合同倾向于出价低的投标者。在正式授权前，业主们会调查承包商，他们希望通过和承包商以前服务过的业主和建筑师交流，检查承包商的财务状况，给自己吃颗定心丸。只有承包商同意以特定的成本建造该建筑物时，实际的建设成本才可以确定，建筑师、工程师和评估师无法担保价格。建筑成本会根据经济状况的变化、劳动力和原材料的可变成本、招标期间建筑业的地方竞争情况而变化。

挑选承包商的另一项安排是在工程中根据承包商的优势早做选择。这样做的优点是你能在设计阶段就了解他（她）的专业观点并进行成本估算，然后在完成文件后进行价格谈判。

施工合同可以为施工文件中所描述的工作提供一次性总付款的"全承包"价格，在这种合同中，承包商承担了风险，有关的变化会通过工程变更通知单来处理。或者协议可以是实际成本加上额外费用，最好是固定不变的费用而不是根据一个比例来计算，这样费用就不会随着建设成本的增加而逐步增加。对于这两种选择方式和两种承包商，我都有成功经验，因为在确认有兴趣做这项工作的承包商资格时，我总是特别小心。每个社区内都有一些承包商胜过其他竞争对手，要想和他们合作，有时需要进行游说和公关活动，还要契合他们的工作"档期"。采纳一个勉强胜出的承包商的较低报价，期望这个工程依照规划设计正确施工，这可能会导致很大的挫折和较高的费用。我们称低价投标者为"改变订单的艺术家"，因为他们会想办法改变订单，来弥补出价低带来的损失。

在做成本决策时，你会知道你能买到的最贵的东西并非你想买的东西。施工阶段充满了凌乱、变动、危险、复杂和兴奋。一切皆有可能发生，首先是挖

在施工过程中使用砖块混凝土和木材等材料。湿地住宅，笔者设计，1978年。

掘土方和打地基，在那里可能出乎意料地发现坚硬石头、软土层、古代石器或水源，发现任何一种东西都往往需要修正施工计划，同时也耗费时间。在整个工作期间，人们都有可能遇到意外情况，不过通常能够以一种能改善建筑设计，而不是减损它的方式加以应对。这就是为什么在施工过程中有建筑师在场效果会比较好的原因。例如，我曾经和一个承包商一起工作，他告诉我不管我的设计如何，他想做一些为客户省钱的事。我同意了，但是他在做调整前必须让我对问题有发言权。他也同意了。在五项很大的建筑工程中，我们和谐完美的工作关系得以延续，因为每当他向我提出一个节省费用的机会时，我就从设计的角度做出改进，而且通常节省的钱比他预期的还要多。这样，为了他们自己的利益，也为了业主的利益，建筑师和承包商可以建立起一种互利互惠的关系，而不是相互矛盾和抵触。客户—业主也会参与那些决策，往往当成本发生变化时，订单也需要随之做出改变。

在地面上、在空中把设计中的建筑具体化，建筑物的空间和它的视图将变成非常清晰的现实，而不仅仅停留在平面图或模型上。这太振奋人心了！任何工程不做任何改变就直接建成的情况非常少见。这种改变为你提供了做细微调整的机会，以使建筑更加完美。当此类调整看起来大有益处时，让承包商给你一个有关调整成本的提议。承包商说"这太多了"不是一个真正的答案，因为对于这个特别的改进，承包商并不知道你认为多少是"太多了"。你得拿到具体的数字，然后再做决策。你和你的代表需要做数以千计的决策，所以我的建议是接受并享受这些挑战。

为了更好地推进施工过程，除了合同中规定的应急费用外，拥有一笔个人或共同的应急基金，可以减轻财务压力。通过这种方式，你能够充分利用各种机会解决遇到的问题。建筑成本的5%作为这笔备用应急基金比较合适。

施工的工作有许多值得赞美之处。赞美之词能鼓励你寻找好的工艺，以个人方式建造一座建筑，意味着要多次亲临现场考察建筑基址。当收尾工作完成时，无论原材料是木头、石头、瓷砖还是玻璃，观察一个工匠的技艺就能确定工程的质量。当一个新的工匠加入到这个工作中来，观察他的工作情况一两天，如果他的工艺不够好，就解雇他。我更换工匠的事情只发生过

3次，但最严重的一次是我解雇了一个不称职的负责5座教学综合楼建设的施工主管。第二天早晨，他的替代者来了——迟到了，红着脸膛，好像酒喝多了正难受，我问他的名字，他回答："约翰·史密斯。"你上一份工作是做什么？他说："我刚退伍。"我犯了一个大错吗？直到两天后我才有时间去检查工程情况。但是当我到了工地，我看到了和平面图毫无关系的一座新的小楼。我忍不住大笑，"那是什么？"他说："那是我的办公室。"它配备了电话、电灯、空调，所有的一切都是在两天内完成的，甚至里面还有我的位置。我被震撼了，同时又感到困惑，但是它看起来太漂亮了。约翰·史密斯是我认识的最出色的工匠——一个创造奇迹的真正的工匠。他曾经是海军工程兵军士长，他以那种方式主持施工——把我当作他的指挥官。他后来成了美国一些大型商业工程的总承包商。10年后，当他衣着潇洒、不期而至地出现在我的大学办公室的时候，他已经是美国最大的公司之一的副总裁和董事会成员！他给我的最初印象就这么多。

改变订单需要由业主、建筑师或承包商提出请求，由承包商根据成本和延误的时间计算价格，然后由建筑师审查后再提交给业主并征得同意。承包商为了满足需要支付的工资和转包商的费用，需要每月或每周在施工账目上提取一笔钱。在执行时，最重要的控制手段就是你规定（而且美国建筑师协会确实也做了规定）在工程符合要求完工之前，业主要保留每一笔支付款的10%。在最后一笔款支付之前，同所有转包商签订让渡条款是很重要的。

确保总承包商从所有转包商那里也保留支付款的10%。这个10%将成为他们高标准完成工程的动力，这笔保留款有助于你的工程工艺精美且能按时完工。

建筑完工需要满足合同的所有条件。这种独一无二的工程有许多变量，使用了许多建筑工艺，不像戴尔公司在收到订单的几小时内就能为你制造一台极好的计算机。

这个过程也有捷径可走，比如去一个建筑设计公司，告诉他们你想要什么建筑和你打算花费多少钱。这种服务在设计和施工质量上存在着极大的变数。最普遍的做法是选择与建筑没有任何关系的、快速且便宜的方法。至于住宅建筑，一个住宅承建商可能会修改标准的设计图并称之为"惯例"。事实上，这是许多建筑项目常发生的事情。但是，一个设计—建设过程可以采用历史悠久的建筑方式来完成——建筑师建造他（她）设计的建筑，为客户创造卓尔不凡的建筑。这种专业服务在其他国家是一种标准。最近，美国建筑师协会的合同经过推敲，相比过去合同的作用有了明显的区别，它消除了在建筑师—建设者和客户—业主之间的利益冲突，使其成为建造建筑的一个颇有吸引力且有效的方法。

许多需要完成或重做的特殊细节，在工程完工之前都要在"剩余工作清单"中标注出来：包括在最后一批工程款和律师费支付给承包商和转包商之前，业主、建筑师和承包商用来完成工程所有细节所需要的设备。编制剩余工作清单和清除已完成条款标志着工程最后阶段的到来——漆工涂刷墙壁，电工检验照明系统。实际上，几乎每一道工艺都会参与进来，为工程的竣工服务。当合同执行完毕，总承包商把工程移交给业主。随着建设完成，景观施工、室内装修、设备安装就可以开始了。

在施工过程中，通常分属不同合同的景观和室内装修就已经开始了，建筑师在设计时从一开始就会涉及到这个问题。客户一直在和这些专家紧密协作，直到建筑物最后成为一个整体并即将发挥作用。此时，装修就变得比建设更重要了。当每个空间对每个使用者都舒适宜人时，建筑才完全成为一个整体。安装电子设备、艺术品、特殊设施，诸如此类的工作可能花费几个星期时间——客户—业主还要做出一些决策。

当建筑竣工并以最美的形式出现在人们面前时，你应该拍摄建筑物的室内和室外照片。这样做有两个原因：第一，如果愿意，客户和建筑师可以出版这些照片；第二，建筑师需要工作记录，因为随着时间的流逝，建筑物会因为改造而发生改变，就不能再代表他（她）的作品。建筑物将仅仅成为市场上的一处房产而已，它将以各种意想不到的方式被改建，对它唯一的记录可能就是在照片中了。

最后提一个建议：举办一场盛大的庆祝仪式，纪念每个参与者的成就，欣赏自己的新作品！

第七章　成为建筑师

这一代人应该做好充足的准备——要从事一种以上的职业，可能多达四种。

——亨利·西内罗（1947—），美国得克萨斯州圣安东尼奥市前市长

亲爱的阿米莉亚：

你问我："建筑师是什么样子的？"

进入建筑系学习是你梦想的一部分，你已经选择了一个很好的建筑系。对于有志于建筑事业的人来说，如果他们努力做建筑而不是仅仅建造一座楼房，那么成为一位建筑师是第二种选择，也是最激动人心的选择。

成为一位建筑师的真正快乐来自你的大脑和体内获得的体验——当你充满创造活力，当你思路清晰地解决了一个复杂的问题，使事情取得了比你预想还要好的结果时；或来自你的感觉——当你将从学习、旅行和经历中辛苦得来的知识运用到创造性的过程并且接近完美时；或当你清晨时分来到建筑工地，激动得浑身起鸡皮疙瘩时。

梦想成为一位建筑师看起来是根深蒂固的想法。我想成为一位建筑师是源于早年的一个决定。许多人甚至不允许自己有成为建筑师的想法，因为他们认为建筑师这个职业对他们很不现实。他们告诉我，"我数学不好""我不会绘画""我做事难以持之以恒"或"我挣不到足够的钱"。我依次回答这些问题："建筑学实际上用到的数学知识很少""你可以学习绘画""专业上正常的受教育时间是5~7年""经济收入的区别很大，一些建筑师驾驶保时捷轿车，一些建筑师则驾驶客货两用车。这两类车我都驾驶过。"

其他人则反复考虑漫长的受教育时间，但是从来不去实践。另一部分人在三十多岁或四十多岁时开始到建筑系学习。菲利普·约翰逊，20世纪富有传奇色彩的建筑师之一，他35岁左右才进入建筑系学习，此前他是一个成功的博物馆馆长。安德烈亚·帕拉第奥或许是历史上最具有借鉴意义的建筑师，42岁之前他还是一个石匠，他称自己是一位建筑师。里皮·布鲁内莱斯基把建筑带入了文艺复兴时期——他曾经是一个金匠。

我所能记得住的最优秀的学生中有一些是在接近40岁时才开始学习建筑专业，有一些是尝试改变职业才成为专业建筑师，其他人是希望接受建筑教育，以便将来从事历史保护、城市设计、可持续发展或环境保护方面的职业——或者可能做建筑史和建筑理论方面的博士研究。许多学校设有这些专业的课程，不需要接受成为一个执业建筑师所需的长时间的培训。例如，你会发现一些大学现在提供建筑研究的本科和研究生学位，这种研究只需要有限的技术、绘图和设计知识。这些课程的重点在于建筑史和建筑理论、专门问题和两三年的设计研究。因为这些学生非常聪明，背景各异，他们在学校内创造了一个令人兴奋的学术环境。在这个领域里，他们以顾问或公共部门的社区领导的身份发挥作用，保护过去的好建筑和帮助设计更人性化的城市；他们创造了更好的建筑。得益于满腔热情和接受过良好教育，他们做事非常有效率。

如果打算探究职业改变和职业选择，可以考虑参加类似哈佛大学开设的职业发现课程、得克萨斯大学的萨莫学会（Summer Academy）或其他在www.aia.org网站上公布的课程。如果你打算改变职业，那么就在一个你愿意暂时居住的城市里寻找最适合你需求的课程。

要测算在建筑系取得成功的可能性是不容易的，因为建筑学要求具备非常多的能力和天赋。在考察了这个领域后，许多学生决定选择另一种职业发展。例如在著名的演员中，吉米·斯图尔特毕业于普林斯顿大学建筑系，詹姆斯·梅森在剑桥大学学习过建筑学，约翰·丹佛在得克萨斯州理工大学学习过建筑学。

建筑学，作为多面手的领地，没有类似法学院入学考试或工商管理硕士入学考试那样专门的入学考试，学校根据考试成绩来判断申请者在法学院和商学院成功的可能性。只有一方面的缺陷才会完全妨碍一个人对建筑的理解：空间感太差。因为建筑是三维的，这是问题的核心。如果无法感知抽象空间，就不能构思建筑。数

得克萨斯大学建筑系的北门。保罗·克雷设计，奥斯汀，1936年。

学主要用在理解物理原理和逻辑课程中。你不一定非常擅长绘画，因为建筑系有足够的耐心教你如何正确绘画，如果不是太追求美感的话。我已经学了四次如何绘图——第一次是在大学建筑系，然后当我开始建筑实践时再次学习了绘图，当我领导一个大公司并有了个人办公室，其他人为我绘图时，我又重新学习了绘图，最后一次是当我的学生感到他们的绘图技巧太不可靠，一再要求我再次学习绘图，这样我才能教他们。不过绘图可以改善视觉，草图形式的绘图是可视化的

关键。绘草图感觉越容易越好。

一些家长问我，他们志向远大的、正在读中学的孩子怎样为进入建筑系做准备。我建议他们接受良好的通才教育；开始学习第二语言，这样可以研究其他国家的文化；具备足够的数学和物理知识以应付入门性的大学课程，体验徒手作画；最重要的是，到各地去旅游。和你认识的或别人可以介绍认识的建筑师聊天，观察他们的生活状态，他们在办公室里做什么，如果有可能，跟随他们一天时间，了解他们的世界究竟是什么样子，等等。这样做是很有帮助的。如果你足够幸运，你可能会发现一位在建筑专业内外都能给你指导的老师。

几乎每个人都喜欢建筑系，即使大家都知道建筑专业的学习课程非常紧张。在建筑上取得成功的两个最重要的因素，看起来是高智商和对建筑工作高度兴奋的热情。幸运的是，这个专业非常有趣；如果你从中感受不到乐趣，那就不要从事它。

实际上，学生们都生活在工作室里——绘图、制作建筑模型，他们互相学习，结下永远的友谊。这样的生活很吸引人，但是也花费时间。很显然，那些没有兴奋感觉的人不合适做建筑师，将很快被淘汰。我对建筑系的最初印象是，当看到建筑系大楼的门厅内满是年度优等生绘制的以美丽建筑物为内容的水彩画时，我被震惊了。我无法想象建筑师怎么能创作出这样精彩的作品，而且我确信我绝对绘制不出那么美的图画。但是，当我毕业后很快再次回到母校时，我在同一个门厅里看到了自己的论文。

怎样选择一所建筑系，这要看该建筑系学生的水平、教师的背景、工作室和设施的完备程度、图书馆、行政管理、你想读的特定学位的课程设置以及城市，因为你将要在那里生活一段时间。你可以登录网站CollegeBoard.com查看有关信息。每个建筑系，甚至是不那么著名的建筑系，也都有一些非常优秀的学生。因为一个建筑系的优秀学生才是它最大的傲人资本。关于建筑系，有一个标准是"最差的学生有多么好，最优秀的学生就有多么神"。

美国目前有114个建筑系。但是回到1971年，达拉斯—沃斯堡（Dallas/Fort Worth）是美国没有建筑系的最大都市带。这一切很快就改变了。一个晚上，我接到了一个意想不到的电话，位于阿灵顿的得克萨斯大学校长查尔斯·格林问我："你能否考虑到这里来创办一个建筑系？"我要求他再说一遍，因为我觉得他一定是在和其他人说话。在他使我确信我听清他的话后，我问道："为什么选择我？"他回答说："我们看过你在媒体上所做的有关什么是一个学校所必需的评论。作为建筑师你有很好的声誉，我们认为你能在这里创办一个建筑系。"我告诉他，我从来没有想过做一个大学教师——我甚至还没有研究生学位。他让我认真考虑他的邀请。但是，在那个时候我已经为我今生最兴奋的建筑工程项目投入了3年的热情，所以一周后我打电话告诉查尔斯·格林，我非常感激他提供的机会，但是我不能接受他的邀请。几个星期后，我的客户出人意料地出售了那个大项目，而我创办建筑系的事依然没有定下来。当格林校长再次打来电话，问同样的问题时，我告诉他，我准备出山，和他具体谈谈这件事。

就这样，我进入了学术界，成为终身教授，担任即将成立的建筑系的主任。我处在了一条很刺激但又很陡峭的学习曲线上，我要编写课程说明、建筑学和其他四门环境设计学位的课程，招聘教师和工作人员，改造学校的楼房以增加空间，建造一所图书馆。5年后，在当地建筑师和工程师的大力帮助下，我创建了一个被正式认可的建筑系，也拥有了第一批毕业生。完成了那个使命后，接下来我于1976年又应邀担任了我的母校——位于奥斯汀的得克萨斯大学的建筑系主任，受委派重组建筑系。在那里，我承担了全部责任，我很享受之后与由同事、学生、各种创意组成的杰出团队在一起的22年生活。

19世纪末期，美国的大学开始设立建筑学位课程：1866年麻省理工学院开始设置，1895年哈佛大学开始设置，1909年得克萨斯大学开始设置。一些建筑系隶属于工程学院，一些建筑系设在艺术学院，一些建筑系由研究生院管理；大多数建筑系后来演变为大学的独立院系，许多建筑系也开展城市规划、景观设计、室内设计、其他设计专业和建设等相关学科的教育。

学位课程由几种方式来建构。如果你拥有另一个领域的学位，那么你就从研究生课程开始，将在3年内学完建筑系课程。如果你刚开始大学生活，课程的区别是你将先读一个为期4年的大学学位再加上一个2年的研究生学位。但是你也可以先取得一个其他专业的学士学位，然后再读建筑专业的研究生课程。或者另一个选择是读一个长达5年的学士学位，然后再继续读一个研究生学位。具体课程包括设计、绘图、建筑历史和理论、结构、环境控制、建造、专业实践和深入的文科体验。大约60%的学生为男生，40%为女生。而20世纪40年代女生的比例仅有3%。一个有强烈愿望进入建筑领域的大学新生可以立刻做出决定，满怀热情地加入建筑系，但是许多新生做决定要花费较长时间，所以他们从学习文科开始，在正式选择专业前，从更广泛的教育和校园生活中获益。

所有学科的学生都能在建筑系学有所成。我记得音乐和文学专业的学生中就涌现出若干建筑师方面的璀璨明星。科学和工程专业，虽然表面上看起来为建筑做好了准备，但是往往需要调整一种比他们熟悉的客观过程相对主观的教学方法。对于有机械绘图背景或数字专门技能的学生来说，与其说他们的设计效果出色还不说他们的绘图速度更快。

建筑系的设计和绘图教学方法与大多数学科不同。我们采用对学生作品一对一讨论的形式，这与音乐系和艺术系的教学方法有些相似。如果一个学生不能忍受这种被批评的过程，他在设计研究中的进步会非常有限。我们教与学的方式非常特殊和个性化，当然，今天规模大的大学已经很少采用这种方法了。小班级与每天在工作室和实地考察中与教授的个别接触创造了一个健康的学习环境。在一次此类实地考察中，一个学生看到了一座著名建筑，他问："你能教我像那样思考吗？"

得克萨斯大学建筑系的设计工作室。奥斯汀。

　　学生们的生活围绕着设计工作室展开，一个工作室里大约有15个同学，每个人都有自己的工作空间，通常还配有计算机。因为整个学期中他们每周要在工作室上15小时的课，工作室生活变成了建筑系的生态系统。当工程接近完工时，学生们白天和晚上都在工作室里工作。我有时顺便到建筑系看看，发现我的整个班的学生半夜时分都还在工作室里忙碌，对高强度的工作和在"工作坊"里持久的讨论保持着高昂的兴致，房间里弥漫着比萨的味道，大家过得都很开心。

　　工作坊现象源于20世纪早期最重要的建筑系——巴黎国家高等美术学院的传统，当时学生居住、工作在遍布巴黎各处的小公寓里。随着专家研讨会的进行，一辆大马车——在法语里是工作坊（charrette）——来来回回到学生们的住处收集他们的绘图，学生必须迅速地把图纸送到工作坊。如果设计没有完成，学生就要跳上马车，随着马车摇摆晃动在铺满鹅卵石的街道上尽量去完成设计，等待专家们的评审。于是，工作坊意味着一段时期内（如24~38小时）的紧张工作，这期间，设计师不睡觉，他们的智力和艺术才能都投入到创造性设计之中，效率之高超乎想象。这是伟大的"酣畅淋漓"，一种伟大的感觉——我和合作伙伴们在工作坊里通宵达旦地以专业建筑师的身份继续体验这种感觉，只有这时候，我们才播放音乐——通常是意大利作曲家威尔第的华美的《安魂曲》，周而复始，直到完成设计，我们打起"恰恰的"、节奏明快的节拍。你或许会知道，大多数建筑师都喜欢工作室生活和工作坊。

　　让我给你讲讲安娜的故事。我不知道她是怎么进入研究生院的，但是第一周当我第一次遇到安娜时，她正在画板上努力工作，我问她是否需要帮助，她说："我的确需要帮助！直到上周我还是一名急诊室护士。"我注意到她的绘图就是在涂写，很显然，这是她第一次绘图，而且她还是一名孕妇。她怎么能应付这些课程？年轻教授瑞弗佐要求安娜所在班级的每名学生成绩必须达到A——并一再坚持他们必须达到要求。所以，到学期末，安娜不知以什么方式学会了绘图，到第3个学期她的技能非常熟练，我安排她教授一个班级的绘图课。作为一个单身母亲，安娜把她的幼子带到工作室，小孩子在绘图桌下的两横档之间的一张整洁的小床上打盹。6个学期过后，安娜成为整个建筑系最优秀的建筑师之一，我非常骄傲地请我们的客人、著名建筑师比尔·考迪尔在为我们全系发表演讲结束后参观她的作品。她的设计工作室是一个豪华的房间，是由位于华盛顿特区的美国最高法院大楼的设计师加斯·吉尔伯特1916年设计的。当时大概是上午10点。我们看到这个伟大的房间里塞满了学生、纸板模型、成堆的描图纸、咖啡以及摇滚乐。他们进行了通宵的专家研讨会，当考迪尔和我对安娜桌上富于想象力的绘图钦佩不已时，我们发现了一张微笑的小脸，他在床上向我们打招呼："喂！"他是安娜的儿子，现在3岁了，他给了我们每个人一个热烈的拥抱，然后在工作室里走来走去，和班里的所有学生吻别，因为他已经记住了每个人。

甚至连工作室以外的生活也是紧张的，因为建筑主导了如此多的讨论。大多数院系举行由来访建筑师和学者开办的系列讲座，一个月有好几次；极其重要的院系每周会开办几次这样的讲座。在一个拥挤的研究室里举行的特别午间论坛可能会变成最热烈的讨论地点。一个论坛可能邀请教师和嘉宾来介绍他们的正式作品，另一个论坛可能邀请一个学者详述一个他们正在探究但还未解决的话题（这些通常是最好的论坛，能够持续几个小时）。大量的建筑展览和嘉宾演讲者贡献了新鲜的思想，为建筑系带来了生命力。

终于，毕业了！不管是经济繁荣或萧条，还是世界处在战火之中，学生毕业后都希望从事他们的职业。我早期的导师毕业时，正赶上经济大萧条或刚开始第二次世界大战。我自己毕业时，美国正处于朝鲜战争时期。在我之后毕业的人有遇到越南战争、经济繁荣或经济衰退的——我过去认识的一个办公室主任称之为"毕业排5点（一种赌博性游戏）"。当学生毕业于世纪之交的新千年，他们拥有这么多招聘还给发奖金的好机会。因为建筑专业规划新的国家建设，它是国家经济的前导。它是在大萧条之初经济活动出现下滑最早的指示器之一，也是经济出现好转的第一个标志。

在学校与实践之间出现的尴尬鸿沟——理想与现实——经常由在建筑师办公室里的工作机会来搭建一座桥梁，而不是在学校里破解这个难题。我的第一个此类机会出现在1948年，当时我已经决定马上离开暑期班找一份工作。相反，我接到了改变我人生的一个电话。打电话的人说他的名字叫奥尼尔·福特，他需要一个能绘图的人，问我能否为他工作。我从未听说过福特这个名字，但他是一位建筑师，而成为建筑师正是我的梦想，于是我去了他位于圣安东尼奥的办公室，但那不是普通的办公室。它沿着圣安东尼奥河延伸开来，包括一组古老的石头房子、工作间和畜舍围成一个大院落，是历史上18世纪圣何塞代表团住所的邻居。办公室外面有孔雀、珍珠鸡、小鸡、狗和小孩子，还有新旧不一、需要修理的各个时期的汽车。它是柳树路（Willow Way）的魔幻世界，是奥尼尔和他的家人生活、工作的地方，也是我们绘图员生活的地方，绘图室和它比邻而居。我们正在以完全不同于曼哈顿办公大楼里的方式被塑造。

在建筑系的最后两年，我接受了该地区第一个现代主义建筑师查尔斯·格兰杰的培训，他接受过理查德·诺依拉特和艾里·萨里南的教育。建筑系通过开设住宅专业课目，提供这种职前经历，让学生修课程的学分。

专业学位只是一个开端。即使你有了一个用五六年或更长时间取得的学位，在你有资格称自己是建筑师前，还必须在美国某一个州注册。而要注册，你就必须完成在一个注册建筑师手下的3年见习期，虽然在现实中这是一种正常的雇用，

学生们向老师们和来访的批评家们展示自己的工程设计，以供他们评论。

威尔逊住宅的几何结构使用了坚固的桃花心木。达拉斯，布拉特、鲍克斯和亨德森设计，1959年。

不需要像实习医生那样还要学习与实习期相适应的正规课程。在大部分州注册时，专业学位不能再替代在注册会计师办公室里的丰富阅历。

过了见习期，你就有了参加建筑师注册委员会全国委员会组织的建筑师注册考试（ARE）的资格。考试分为9个部分：草图设计、总结构、侧力、机械和电力设备、建设设计／材料与结构、建设文件和服务、地点规划、建设规划、建设技术。每部分的考试都需要在一个考场内的一台电脑上进行3~7个小时。任何一部分的考试如果没通过，可以在6个月后重考。考试的通过率为80%左右。我所知道的一部分最优秀的建筑师至少有一门考试失利、不得不耐心等待6个月后重新考试的经历。现在，完成预科课程是通过建筑师注册考试的另一个难关。

但是它确实需要进行充分认真的准备，而且至少在一周内完成。你在一个州注册的同时，这个考试也为你提供了在其他州便利的可能性。

然而，我们一些最好的建筑师（过去的和现在的）并没有专业建筑学位，这是一个值得玩味的现象。20世纪的三大巨匠——弗兰克·劳埃德·赖特、勒·柯布西耶、密斯·凡·德·罗，都不是建筑系的毕业生，哈维尔·汉密尔顿也是这样。在西南部，例如，最早的地域性建筑师虽然没有专业建筑学位，但是他们的作品非常漂亮（大卫·威廉姆斯少修了一门课程，作为一个特立独行者，他拒绝完成他的学位。奥尼尔·福特在国际函授学院学习了一些课程。大卫·莱克和特德·弗莱托用4年时间完成了职前学位课程，度过了在福特手下的学徒期）。当工作经历可以替代专业学位时，他们所有人都成了注册建筑师。值得注意的是，作为建筑师，他们每个人都是出类拔萃的，在建筑界最前沿创造了卓尔不群的建筑，广为人知，且广受赞誉。

1955年，当我在新奥尔良市的图兰建筑大厦参加为期4天的注册建筑师资格考试时，我还是一个海军上尉，因为打算回去干老本行，所以需要通过考试。幸运的是，我成功了，于是我带着自己的考试通过报告去了新奥尔良市的教区法院，为我的建筑师资格注册备案。在那里，一位和善的绅士爬梯子到了书架顶部，取下一个好看的红皮卷宗，上面写着金色字样的"助产士和建筑师登记簿"。我记得我是第445号，但是我怀疑登记簿是否在卡特里娜飓风中逃过了一劫。

想要实现做一个专业建筑师的抱负，必须具备三种鲜明的个性——每种个性又有各自独立的价值体系。建筑师是：①一个艺术家，②一个技师，③一个生意人。它们的价值观总是冲突的，却又必须以某种方式实现和谐，同时做好这三方面并不容易。一个执业建筑师在技术和生意问题上花的时间要多过在设计问题上的时间。我们有对称的建筑三位一体：便利—稳固—愉悦，对应的是生意—技术—艺术！这难道不令人惊讶？

建筑实践和学校学习有很大不同。实践的成功有额外的要求，包括出色的组织能力、生意技巧和人际交往能力，要有企业家的才能，还要有好的机遇。如果你想开办自己的公司，那么你面临的问题将会是：我应该首先开公司，还是先培养潜在客户，然后增加自己的知名度？具体怎么操作？以我自己为例，我的伙伴詹姆斯·布拉特，非常幸运地以不同寻常的方式先获得了一定的知名度。我们有足够的勇气去研究达拉斯市区，并利用这次机会推进了城市设计的一些新理念——无论如何在那个时代都是新思想——这看起来值得进行至关重要的讨论。经过3年的工作，我们受到了国家建筑杂志的关注。我们还在一个国际设计大赛中获胜，然后新闻界对此进行了长篇累牍的报道，尽管我们依然是其他公司里的年轻人。接着，我们的第一个客户给我们打来了电话，让我们给他出主意应该怎样利用在达拉斯市区的2.5万平方米土地。我们商议了一份合同，给他设计了一个高密度、多用途的开发计划，印上笺头，依靠勇气和信心，而不是商业计划，我们的公司开张了。在随后的35年里，布拉特、鲍克斯和亨德森都成了闻名遐迩的人物。

做建筑师比成为建筑师要困难得多，我们公司对任何规模的场地设计和建筑设计都很感兴趣，具体包括城市设计、商业和公共建筑、住宅、景观、室内设计、装修等。这都是激动人心的时刻。难以置信，我们甚至比在学校时还要勤奋。在完成第一个大工程之后，我们设计了一个小的、只有一层但是却能考验我们的知识和经验的写字间，因为我们此前所在的公司只是在盖摩天大楼。我们已有的经验也未能替我们为一个达拉斯老住户设计一座大房子做好准备。我来自得克萨斯州东部的一个小城镇，我的伙伴来自得克萨斯州西部的一个小城镇，我们不知道如何为别人设计一个美好的家园，因为我们没有参与过这样的设计。尽管如此，也算我们幸运，我们的客户很有耐心，对我们很有启发。我们在设计和建设上投入了很多时间。所有人对结果很满意——事实上，在1990年它被评为达拉斯已建成的最好的50座住宅之一，时至今日依然风光不减。我们随后设计了一所私立智障儿童学校、两座令人兴奋的教堂、一座大型市场建筑——这些工程足以使我们登上杂志，甚至出现在一些书籍里面。

在地方业务方面，我们参与了社区服务；在国际业务方面，我们参加了国际

圣斯蒂芬联合卫理公会教堂的室内设计，Archilithics墙。麦斯奎特市，得克萨斯州，布拉特、鲍克斯和亨德森设计，1961年。

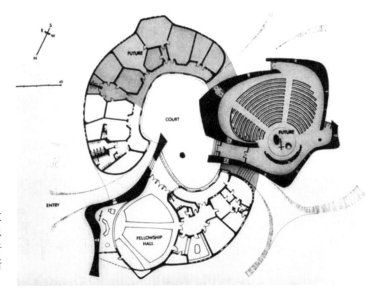

圣斯蒂芬联合卫理公会教堂的平面图。教堂的构思设计是为做礼拜的教徒行进队伍服务，坐落在麦斯奎特的大草原上。

设计大赛，通过这些活动，我们能够了解我们的建筑思想如何同其他建筑师进行比较。我花时间出去旅行，去观赏世界各地的伟大建筑。（如果你从未见过一座伟大建筑，你怎么能设计出一座伟大建筑物呢？）我们的小公司有一个想法：3个合伙人每人每3年都进行一次为期3个月的旅行，费用由公司支付。我们旅行的预算不是很多，但是我们3个人看到了世界上多数的建设给人带来的兴奋感之一，是使用了新材料或不常见的材料，或来自先进的技术或来自价格能够承受得起的不寻常的自然材料，如特种砖、石头或特种玻璃，举一个例子，在一个很大的住宅中，我们设计了一个复杂的暴露木结构的几何形屋顶，我们计划使用最经济的雪松木材作材料。以前的一个客户曾经以比较理想的价格买到了雪松，他提醒我们采购一货车结构密实的适合做家具的洪都拉斯桃花心木，这种木材以很低的折扣价出售。于是，我们使用桃花心木建造了房子，没有超出最初的预算。这座住宅的3个部分组成了复杂的几何图形，以至于我无法把图纸画清楚，以便向木匠解释如何施工，所以我不得不登上二楼的屋顶，把椽子以正确的角度联结起来。

　　有一次，当我们寻找一种新材料时，我们受邀去观看了一个承包商的实验，由波特兰水泥、玻璃纤维粗纱和一种保密的混合物组成的新材料，称作

Archilithics。水泥混合物和玻璃纤维粗纱分别从两个喷嘴枪喷到钢筋上，制成经济节约的混凝土结构薄壳和其他流体状。当操作结束时，剩余的混凝土混合物被喷到一排大约1.2米高、1.8米宽的混凝土板上。几天后，我们回去再看圆顶实验。由于某种原因，有人碰巧踢翻了混凝土板墙，它们牢牢地粘在一起就像一堵坚固的墙。与混合物搅在一起的水泥已经和混凝土板黏合在一块，而具有加强作用的玻璃纤维粗纱紧紧地包住了混凝土板。我发现了（eureka）！我们突然有了一座便宜的墙，这种墙用普通劳动力而不是泥瓦工使用模具材料就可以塑造成曲面。我们让一个检测机构对这个3米高墙的样品进行受力测试，1/3的墙下面没有地基。墙的悬臂末端承担了重量，施压到其无法承受的程度，变形测量器显示出很大的抗压力。我们的设计回答了如何建造我们那时正在设计的由连续的流体状构成的教堂。这是一次巨大的成功。这个设计获得了很多设计大奖，并在美国和欧洲出版——出现在一本关于建筑空想的书上。不幸的是，因为专利和所有权的法律问

格里芬广场、高塔与贝聿铭市政厅前景的模型。布拉特、鲍克斯和亨德森设计，达拉斯，得克萨斯州，未建成，1961年。

题，这种材料不能再次使用，给我们造成了很大损失，但那个设计是现在多种建筑物中普遍使用的玻璃纤维增强型粉饰灰墙的引领者。

这次实践带来了许多奇迹，比如当美国建筑师协会让我写一本关于达拉斯及其周围的建筑的书。虽然避开了中学、大学中的历史和英语，但我发现这个任务仍需要我每一个朋友的帮助。我们出版了关于这个主题的第一本有可信度的书——《大草原的屈服：力量塑造达拉斯，1842—1962》（纽约：莱茵霍尔德，1962）——我第一次瞥见了建筑学的另一面。

我们的公司最后发展壮大，雇了30位建筑师，接受了一些大型工程的设计邀请，如大学宿舍、办公楼、批发市场、百货大楼、学校、教堂、社区大学、校园、几个城市设计项目、专业购物中心，甚至还有一个娱乐公园。我们渴望拥有很大的办公室，因为它能够为我们完成重大项目提供基础，但是它有很大风险；我们后来已经学会了做重要的大型项目的好办法（主要是和其他公司合作）。我们的作品赢得过许多设计大奖：我们3个合伙人，加上公司里的多数成员，被荣幸地选举为美国建筑师协会学院委员会委员。1968年，我达到了职业生涯的巅峰，那时我们开始设计位于达拉斯商业区约13万平方米土地的多用途工程，其中有一座旗舰建筑，既是当时世界上最高的混凝土建筑，也是密西西比州西部地区所有建筑类型中最高的。梦想的刺激使我晚上无法入眠，白天紧张地忙碌，3年内我和一个大型设计团队每周工作60小时。许多广受欢迎的媒体对此进行了报道，有关的消息甚至出现在《纽约时报》的商业版面的头条和几家欧洲杂志的文章中。然而，最终我们的纽约合伙人变了，我们宏大的计划停止了。但是，3年来我感受到了巨大的乐趣，因为实际上我在设计世界上最高的建筑物，探索最前沿的技术，帮助塑造一座城市。

作为一位建筑师，我已经看到设计过程的激动人心和建设过程的挑战性。但是当客户喜欢这座建筑物并以我意想不到的恰到好处的方式利用它时，我们的工作就成为永恒。一座空洞的建筑物只是一处不动产，但是当在一个社区中给予一个地方，再添加上景观、装修、艺术、书籍、音乐和食物，或者当一家商业或教育企业生意兴隆时，它给我们的满足感远比在一本杂志上看到自己的建筑物或赢得设计大奖更加强烈。它赋予设计工作以超越建筑渴望的意义，为社会做出贡献。就个人来讲，做一位建筑师可以让你获取并享有许多技能。它给人一种强烈的成就感。它使人逐渐理解建筑怎么、为什么发展，同时给予一种参与感。如果幸运，你的作品将活在他们的社会里、书籍中、杂志上，就像如果一位学者英年早逝——至少还会留在你和你的同事的记忆里。

第八章　像建筑师一样思考：设计过程

当我处理一个问题的时候，我从来不去想有关美的问题，我唯一考虑的就是如何解决这个问题，但是，当我解决了这个问题却发现方法并不完美的时候，我知道这种解决方法是不对的。

——理查德·巴克敏斯特·富勒（1895—1983），美国著名建筑力学家和工程师

亲爱的凡·赞特女士：

除了雇一位建筑师或自己成为一位建筑师以外，我们还可以学习像建筑师一样思考并且得到建造建筑所需要的帮助。你会说你想独自来建造。假设你想置身于这个过程中，首先我要说的是，像建筑师一样思考不同于像许多其他职业者一样思考，因为建筑师就是一个设法创作一件艺术品的多面手，这件艺术品要满足人们的需求。建筑涉及的活动范围非常广泛。

我第一次像建筑师一样思考，大概是在克莱默小姐的一年级课堂上，在得克萨斯州东部师范学院培训学校的一个特大的教室里，她让我们建造一栋房

子——一栋真正的、全尺寸的、有房顶和灰泥墙的房子。3个小房子用橙色的板条箱做成，板条箱覆盖有六角形网眼的轻质铁丝网，并有由7岁孩子涂抹的灰泥。克莱默小姐教我们在后面的花园里种植蔬菜，然后依次做午饭并住在"房子"里。那个工程非常成功，所以她又让我们用纸板地毯卷建造了一个畜棚，就像一个小木屋，然后我们把从农场带来的宠物放进去。我记得当时的想法是看到我们在地面上用材料建造的大房屋成型，并且在金属网里涂上灰泥感觉很好时而产生的敬畏。那个老师、那两个建筑物，再加上那个老师在墨西哥的经历，已经确立了我的未来。

如果你通过画图来思考或从你的想法中建构一些有用的事情，那么你便有了在工作中像建筑师一样思考的核心。约翰·罗斯金这样描述建筑：一门要学习的艺术，因为我们都在关注它。

我希望读者们能建造大大小小的建筑。这些读者是开发商、工程师、建筑承包人、专业住宅建筑商和活跃的建筑爱好者。在大多数社会中，大型建筑需要建筑师或工程师的印章以保证健康、安全和安宁。小型建筑和私人住所则不需要职业印章。

像建筑师一样思考意味着会有一些神奇的事情发生。真的，设计过程对建筑师的工作来说是神奇的、重要的——一种对信息、灵感、巧妙方案的简单、合理的追求和一种表达的方式。你可以将设计过程看作是在艺术的范围内创造性地解决问题——一种包含功能并由功能所界定的艺术。当设计过程的途径方法各有不同的时候，我会将我思考设计以及讲授设计的方式一一描述出来。

为民众、事物、任务建造庇荫所是人类的一种基本需求，建筑学作为一种服务性艺术服务于那些要素。建筑设计可以在几分钟内在沙滩上或在信封背面勾画出来，也可以在几小时内从可用的材料中规划格局并且将它打印出来。但是，真正的建筑设计需要时间、耐心、知识、技能和把蓝图变成现实的信念。

你可以从探究将要遇到的3个问题开始设计过程：第1个是地点：社会或地理上的一个位置；第2个是规划：业主的需要和愿望清单；第3个是预算。

建筑地点要去参观、考察、实地走过、驾车路过、空中俯瞰，并且在地形图、地理图、交通图和气象图上仔细地阅读和研究。地形、城市规划问题、建筑规范、分区规范、细分限制都是要考虑的因素。研究一个地点；不妨在那里举行一次野餐。

规划是关于这个建筑所期望的样子的说明，包括这个建筑的内容，将起什么作用，为哪些群体而建，这个建筑试图在社会中起到什么作用，如何与城市结构联系起来等一系列问题。如果它是一座想要取得收益的建筑，那么它的预算财务报表也是规划的一部分。

预算是工程中主要的现实部分。它起到控制的作用，很有价值。当你的工程结束时，不管这个建筑有多好，对大多数人来说，它只是一个真实的不动产。我从未听说哪笔预算过于庞大。然而，我曾经为一个客户设计过一座有坚固的砖墙、坚固的胡桃木橱柜、大理石地板、无任何仿造物的大房子，这个客户在工程完工阶段说："豪·鲍克斯是这个国家中唯一一个能超越无限预算的建筑师。"好笑的是，在一年之内，他要求我为房子增加了一个长25米的室内游泳池。对于提出的一些任务，预算必须是现实的。预算可以随着目的和资源的变化而变化，它们并不是固定的——它们只是一个事实。

20世纪70年代，制订规划本身伴随着复杂的过程演变成了一种艺术形式。威廉姆·派纳在他的著作《解决问题，制造程序》（*Problem Solving，Program Making*）中描述了一个成功的过程，一个同复杂的社团组织合作的大公司可以采用这个过程理解客户的需求，准确地记录这些需求，并一致同意在计划制订阶段所做的决定代表了将要修建的东西。正如你所看到的，这样一个过程非常可靠。从那时起，特别顾问有时候甚至在建筑师被雇请前就会提供规划服务。尽管规划是设计过程的必要开始，但是它并不是最终的主宰者。在设计过程中，新的因素会被发现，优先考虑的事情可能会改变，整个规划将得到改进。

当规划表明你为什么要修建这个建筑物时，许多约束和条例将会告诉你如何做。建筑物的设计很复杂，因为总是有很多竞争性的变量——更艰巨的是，这些变量要同时并且艺术性地互相协调。数学公式或计算机不能做这些类型的决定，因为每个设计者对于每个变量都有不同的价值判断。这一挑战可以用可视化问题解决方案做最好的处理。在解决问题的过程中，要制定规划要求的图表，要试验解决方案。你可以制定关于建筑多功能部分的"幻想计划"图表，从而来组织关系、功能和接近性，然后你开始设定限制，凭直觉处理杂乱的信息，通过试错，从一个个功用中找到进展中可用的关系，整个规划的组织也是这样的过程。有些变量具有更高的价值，需要优先考虑，这个过程就像破解一个谜题。

最后，一个针对所有这些变量的可能的组织变得清晰可见了。当你运用这些图表工作的时候，你会看到其中的关系发生了，并且各种模式组合在一起，这个合成物可被转化为一个建筑物。如果是复杂的建筑形式或建筑地点不同寻常，那么由顾问进行的先期讨论可能表明，有些组织比其他的组织要好，并且因为成本的原因，它们可能会是控制性的因素。

在大脑中有了地点、规划和预算的考量，你可以开始在一个层次列表中布置工程中的每个部分，并且根据大小、最优方位、位置和功能接近性赋予其优先权。不久你会开始看到真实物质形式的可能性，并且开发一系列空间。这是可视化问题处理方法。在计划形成的过程中，通过平面示意图，视野随着空间而变化；找到可以帮你组织空间的轴心。找一堵长的围墙，它可能会成为一个参照面来帮助你围绕它组织空间。如果它很单调，那么就将其扭转、覆盖、顺倒、操纵，在空间中找到前进的步骤，在发现中找寻创造神秘和惊喜的方式。你可以开始想象建筑物的顶部形状和雕刻形式，但是不要急于调整建筑物的顶部形式。

当你获得一个看似有用的示意图之后，看一下你能否从头开始做一个更好的，增加一些想法，比如考虑在横截面（建筑物的剖视）和正面（建筑物或房屋一面的直视）上如何组织建筑物。考虑一下你如何在建筑物上安放一个屋顶。

因为每次的设计问题都是不同的，所以第二次或第三次设计时你可能做得更好，这是合理的。然而，马尔科姆·格莱德威尔在其著作《闪烁》（纽约：利特尔布朗出版社，2005）中告诉我们，我们的第一个念头很可能是最好的，尽管我们还没有进行一系列的分析。一个有经验的客户曾经在工程的开始阶段告诉我："我不想看到一大堆的草图或步骤，我只想看到你的建议。"幸运的是，我的第一个示意图与他的目标相符，并根据它建造了建筑物，总之很成功。另外，我认为通过试验一些方案来检验你自己也是有利的。设计问题不同于数学问题，因为设计问题不只有一种正确的答案。

在设计过程的这一阶段，你所做的就是要有建筑师的观念，当你开始在脑海里建构建筑物形式的时候，功能和预算问题就以先前的方式得到解决了，建筑思想可以帮你勾画出形式、空间、角度、运转过程等，并且它会成为一个你可以逐步展开并完善的示意图设计。

许多学生在最终理解什么是建筑思想前会问一些问题：建筑物会是什么样的——这是你的想象。它可以是一个关于地面设计的草图，或是一个小的模板，或是坐落在某个位置的建筑物的草图，或是你脑海中用于描述建筑物的任何其他方式——即使是一个徒手的概念性描述。

在建筑设计中需要协调数以千计的变量，每个变量的取值范围都很大，可视化问题解决方式的神奇力量将超越今天的计算机能力。人们几乎不能指望计算机从建筑计划中创造出艺术。计算机不能做出艺术的选择或创造性地进行功能方面的处理，然而它可以计算许多选择项，以让你对它们进行评价。现在构思一个设计的任务留在了设计者的脑海中。

建筑师的职责是开发一种建筑学思维，这种思维通过改善环境而不是破坏环境的方式来满足客户的需要、愿望和预算。以一种使客户、使用者和公众怀着单纯快乐、轻松而笑的方式可以做到改善环境而不是破坏环境。我的导师奥尼尔·福特说："仅仅使一个客户开心是不够的，你必须使多数人欣喜若狂。"

在设计过程中，我的第一个规则同希波克拉底（约公元前460年至约公元前370年，古希腊医生，被称作"医药之父"）的医生训谕是一样的："第一，要没有害处"。换言之，就是不要破坏邻区、街景、自然环境或预算。

检验一下这一思维是否可以满足客户的计划，是否可以在预算之内建造，是否满足相关管理机构的要求。然后，你应该看看对于使用者和周围的人，这一建筑是否最大限度地带给他们愉悦。最后一个测试需要很多试验性的设计来看看你是否选择了最好的。你可以比较一下其他类似标准的建筑物，实地考察或者到图书馆去查阅。你可以将已竣工并且使用过的建筑物呈现出来，看一下你是否希望这个设计继续下去，还是寻找另一个设计。思维是你最重要的设计决定因素。制作它、检验它、把它钉在你面前的墙上，朝着它去努力。如果可以的话，在概念草图的下方描述并介绍它——一个简单的形容词列表就可以指引方向，让它在那里待一会儿。

如果发现你的建筑理念不当，那么重新开始设计、开发一个更好的。旧的仍然要钉在墙上，因为你还有可能返回去用到它。

当你在做设计并做有关的设计决定时，把已选的概念放在你面前，置于你的脑海中，它会帮你做出一致的决定。把它作为一个已经竣工的建筑而不是纸上的设计呈现出来。

在你的设计过程中，需要平衡、调整的设计要素是比例问题。比例是建筑物相对于人体或附近建筑物大小、比例的关系。太大了，太小了，还是刚好合适？比如，一个很高的、使附近的人看起来像矮子的门就不合比例。街道村舍旁的一栋大厦也是不合比例的。比例可以使布局雄伟或舒适。一个客户曾经提出这样的要求：单身者或一对夫妻在可以同时容纳2000个人就餐的房子里会感到舒适、安逸。针对这一要求我们沿房间的边界设计了防护性的壁龛，它们可能会是较大的空间内的私密空间。

与尺寸相关的第二个问题是建筑物这个集合体，建筑物的一部分相对于其他部分或整个建筑物的比例关系。复杂的集合体变成了雕刻形式的立体和空间。这正是一个精确的三维立体模型所需要的地方，一个可以在电脑屏幕上旋转的虚拟模型是有用的替代品。

记住，大部分的建筑物生来就令人讨厌。它们通常都不如自然风景或将要被取代的旧建筑物有吸引力。所以，除非人们在设计中倾注了很大心血，否则，新的建筑物确实会降低风景或街景的质量。因此，这是个真理：保证你所修建的建筑要比你所要取代的建筑更好——这句话要么是我听到过的，要么是我自己想出来的。

分区规范、建筑规范、消防规范、环境标准、保险需求和其他的规定，可以告诉你设计建筑物的最低要求，这些在你的设计中必须得到领会、记录。结构系统、机械和电力系统的可实现性以及所在地的自然情况，都要纳入你的设计概念中。这些客观情况应该呈现在列表或叙述中，或当你开始在设计过程中让建筑物形象化的时候，这些事实可能会变成很好地影响你的实物规划的图表。当你能考虑到所有这些因素的时候，它们就像是在你脑海里搅动、沸腾的一大锅炖肉，定时抽取其中的一部分进行检测——在一个草稿、一幅草图、一个纸模型或电脑模型中。

建筑物的复杂性决定了它需要来自顾问的专业知识。建筑顾问将会组建一个团队，这个团队中有解决地基、结构、供暖和空调、给排水、电力、照明、室内布景、风景等（或许还有更多）问题的建筑师。主要顾问是建筑概念早期形成阶段的主要参与者，他们同建筑师合作，建筑师是个多面手——最后的专家领域中的一个，他们受过训练，可以同专家们开展创造性的工作。早期设计阶段要求这个精通各方面知识的人，能运用不充分的信息做出全面的主观判断，这些信息有待于专家提炼。没有受过训练的设计者会进行更大的需要调整的飞跃。

在设计思考的过程中，最基本的工具是铅笔。我用铅笔是因为它可以使我较容易地修改我的想法和草图，甚至我可以画多少就擦掉多少。其他人用墨水笔勾画出确定的想法。我的想法总是具有尝试性，不适合用墨水笔来记录。我敬佩

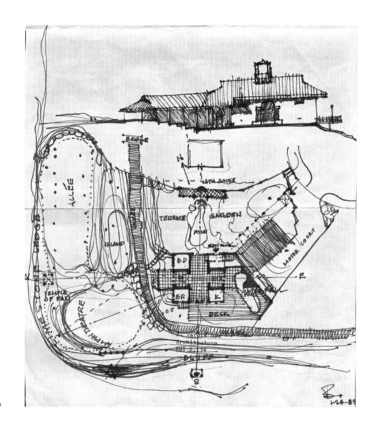

建筑概念素描。

那些思路清晰的人，但是我总是怀疑他们太快地做好了决定，以至于遗漏了很多细微之处。越来越多的设计者仅仅使用计算机绘图，他们的计算机技能和出色的绘图技能一样让人觉得不可思议。使用计算机的优点是可以运用计算机的记忆功能，今天的学生可以很容易地运用计算机绘图，并将它作为一个基本的设计工具。数字绘图似乎非常完美，所以你可以不用费心考虑真实大小的建筑物的实际情况。新生设计班可以做出看起来很棒的建筑设计，但是当你费点时间把实体形象化时，你会发现它可能是一个不幸的或者考虑不充分的设计。因为图形看起来太好了，这个设计就被过早地决定了。

我佩服那些能如此流畅地使用计算机的人，以至于你以为他们在用一种类似葡萄藤炭笔的自由流动的介质。在讨论设计中所使用的介质时，比尔·考迪尔是位从水彩画绘制时代跨越到数字化设计时代的著名设计师和教育家，他声称可以通过观看建筑物来辨别设计中运用了哪些介质：木炭笔、铅笔、墨水笔、纸板模型、泡沫芯模型、黏土模型或计算机。有时候，当你驱车驶过街道时，就会很明显地看出设计中所使用的介质。

不管是哪种介质，找到那些可以运用到建筑上的形式。在先前的设计图上覆盖一张描图纸来一遍遍地优化草图，或在计算机上模仿那些步骤，这些方法可以将你的目标进行神奇的整合。想象你自己拥有这个设计，像在你自己家里一样密切地感受到它的存在。

设计过程中的创造力与其他事情中的创造力一样，可以通过周而复始的工作来磨炼。这一点可以由深受尊敬的诗人和计划未来主义者贝蒂·苏·孚劳尔来进行解释：

准备一次彻底的调查。

认真地、执着地、热情地集中精力，像一位古怪的天才那样。

幻想和游戏，放弃已有的想法，探索新的思想。

通过考察场地、讨论想法、评估先例来寻找"突然的顿悟"。

高效地工作，把想法发展为能解决问题的设计。

评价你的工作；如果不够好，就推翻重来，或许需要采用不同的视角，直到达到你所期望的结果。

　　你创作的建筑物必须能够在构图、模型或图像中呈现，它不是只存在于脑海中的幻想。然而，草图可能会欺骗你；你可能会太快地迷恋上你自己的设计。建筑师埃德蒙·培根，一位20世纪城市规划师中的模范，警告说："建筑师总是太快地做决定。"要小心谨慎。首先，构图必须要与被形象化和评定的实体成比例。"1/4英寸等于1英尺（1：48）"的比例在形象化中可以给出一个比较准确的展示，在概念设计中则会用到更大的比例。不成比例的构图会欺骗你，让你做出一些行不通的决定。如果可能，我会用树桩和彩色胶带在建筑地点上勾画出全尺寸的基础平面图。当你在纸上或电脑上按比例画图时，要在心里呈现出全尺寸的实体。避免掉进"纸上建筑物"的陷阱——在纸上看起来很好，可对于工程来说却并不合适。

　　当你将设计想法呈现在纸上时，可视化问题解决过程会将你从一个设想引领到另一个设想，好像思路本身可以依靠自身维持，能够使你创作出比你最初构思的想法更复杂、更令人满意的想法。当你用手勾画每一个想法来改进它时，这个不断重复的过程使设计工作得以运行。当你正在改进规划设想时，你必须从剖面图和立面图中看建筑物，这样你就可以从三维立体上去理解它，并能根据建筑物看起来如何和感觉如何进行调整。

　　如果你的设计并不如你想象中的运转良好，记住你并不是只有那张纸，它的线条没有浇筑在混凝土里，你可以从任何地方找到提示。爱默生的话里充满了智慧："每个人都是借用者和模仿者"。所以，承认这一点，多方寻找建议，获取知识和灵感，以此为基础开始工作。当开始设计工作室时，有些老师会让学生选择一个他们敬佩的建筑师，让学生在设计过程中效仿那位建筑师的工作。效仿好的设计可以使我们熟能生巧，提高我们自己的设计水平。

　　通过将完全不同的部分与其他部分和整体相关联，复杂性可以提升设计质量。在建筑物的空间组织中尝试在其各个部分中形成连锁关系。巧妙地处理几何关系和一个平面部分中的连锁比例，以使它在视觉上更加丰富，达到意想不到的愉悦层次。复杂性不会与混淆相混淆。如果有混淆，那表明你必须回去重新着手处理基本问题，通过检验各个要素，将它们重新排序以找到更好的解决方法，重新检验这个程序。尝试去掉一个变量。要寻找复杂性，而避免混乱。

　　模型可以帮助你视觉化并且记录设计思想，有时候它可能比画草图更有帮助。对于那些缺乏画图技巧的人也很有用。精细模型的局限在于它们会花费人大量的时间去制作、修正、改进，所以用一些简单的材料，如便宜的纸板、透明胶带纸来做一些粗糙的模型，这些模型可以展示建筑体、空间和照明——不要试图把它们做得很好，它们只是你用来学习的，你可以通过做明智的决定来优化设计。观察模型，将缩小比例的模型放在与你视线平行的位置上，想象它，就像你在平地上看到建筑物一样。这样比从上方看模型好多了，因为只有鸟才会那样看它。国际知名建筑师查尔斯·摩尔会给建筑委员会一个地点规划和一系列的建筑模型材料——彩纸、透明胶带纸、玻璃纸、汽水吸管、金属丝、圈圈糖、水果糖、来自基址的岩石和植物，并且要求他们制作一个他们预想中的建筑物模型。委员会制作模型来表达他们想要的建筑物。摩尔会精心研究他们模型中的想法，从中创造出能够表达客户对于建筑物的渴望的复杂形式。设计过程需要吸收你可以收集到的所有知识和技能，并且在构图完成前设计都不能停止。在投标

集合体和空间的纸板研究模型是思维的工具——使修改和优化设计变得简单。

过程中，设计的意义非常重要，因为你决定了哪些部分应该删除，哪些部分应该加入。并且当每个细节被构建的时候，设计要贯穿整个建筑过程。

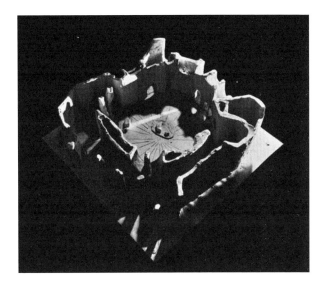

黏土模型就像雕刻空间，你要专注于空间而不是墙壁。

在建筑地点，你的设计将经常被待价而沽，因为有很多以前你从未遇到过的人会来到建筑地点对你的建筑物做些什么。挖掘者、结构建造者、钢筋工、木匠、泥瓦匠、水管工、电工、油漆匠、工头、检查员会突然来到建筑地点，除了一套方案，他们不需要任何指导，这套方案中有他们对于材料、劳工费、管理费和利润的估计以及从你口中得到的一些话语。方案、材料和方法的书面说明、合同是对你希望如何建造建筑物以及如何支付费用的指导。建筑师就像一个老师。

设计项目可以像城市街区一样大，也可以像门把手一样小。这件铜制品是詹姆斯·布拉特的作品。

建筑师的构图试图告诉建造者如何建造某一具体的建筑物。交流的过程非常关键，因为很显然，建筑师无法独自建造建筑物。建筑过程需要不同技能的人，这些人组成了一个团队。一个经典的例子——梭罗的小屋，是个值得思考的例外，这也是为什么他的《瓦尔登湖》在我的参考书目中的原因。维托尔德·雷布琴斯基的《世界上最美的建筑》为我们提供了另外一种对设计和建筑与私人的亲密关系的敏锐洞察。

构思一个设计同时需要观念技能和基础知识。例如，我需要在脑海中组织建筑地点并且开始为建筑物定位。对于我，这需要考虑很多事项：确切地知道在一天或一个季节中的不同时间太阳所处的位置；了解风雨的态势（好的和坏的态势）；了解冷、热、阴凉等所有影响人们舒适和能量消耗的因素；找到街景轴线和空间序列的各种可能；探索私密性和公共性的需求；了解与周围建筑和街景的关系，以使这一新的物体与周围的环境能恰当地匹配。尽管需要考虑的内容有一长串，但你还是必须首先要坚持当初建造建筑物的动机：及时在预算范围内满足客户的计划。这是一件令人激动的事情。

艺术的兴奋感来自知道如何控制设计要素：空间、光照、序列、动感、均衡、比例、韵律和色彩；同样还来自决定位置的影响（城市结构或自然背景的质量），掌握定位和地形走向的细微差别，了解建筑物的社会目的和象征意义。对设计过程的持续探求是为了找到合适的关系、经济的方法、目的的表达——所有这些同时都在寻求一种能展示美丽、迷人和舒适的美感；一个柔美的背景，一个能给人灵感的空间或让人兴奋的地方，或是以上这些的结合体。这需要检验不同的想法，并且选择一个你相信它是最好的想法。

毋庸置疑，预算、分区和建筑规范的限制会很快成为这一过程的基本控制因素。因为无视任意一项都会危及工程的进展，所以你必须清楚什么是可以做的。但是你必须要审时度势。可能没有足够的钱或土地用于该工程；可能工程地点不合适或者不具备成功所需的所有计划要素，或是经济方面的、社会方面的、美学方面的因素。分区和建筑规范可能会受到挑战。预算和财政目标是设计需要解决的基本要素，它们会决定一些美学问题。另外，在任何一个产生收益的工程中，利润同样也是设计要考虑的因素。例如，当设计大学中的私人宿舍时，我发现工程利润率的一部分在于由我控制的设计问题，手中有一份详细的估价表，我可以找到收入产生的地方，提高利润空间，以提供一个花费较低、利润较大或两者兼得的设计。

当设计过程在功能问题、建筑体系和审美问题之间徘徊时，正统的设计理论能够对它产生有效的指导，尽管这些理论很多都晦涩难懂。但是当摩尔描述他怎样运用他所谓的"金发女孩理论（goldilocks theory）"时，我们可以很明确地知道摩尔所指的是什么。在这一理论中，金发女孩会发现事物是不是太大、太小或刚好合适；是不是太高、太低或刚好合适；是不是太亮、太暗或刚好合适，等等。设计探求和理论只是为了使事物恰到好处。这是将建筑物制作成艺术品的一种途径。

关于什么是恰到好处，马克·吐温说："正确的用词与接近正确的用词的区别，就如闪电与一只萤火虫之间的区别一样。"有人会问："我们如何知道什么是恰到好处呢？"好，要知道什么是恰到好处，需要受过训练的眼睛，就像小提琴家的耳朵可以使他知道他听到了恰到好处的声音。当然这是主观的。所有困难的决定都是主观的——公式或计算机代码可以处理其他的问题。一个法官怎样知道该说

这一威尼斯附近的圆形别墅，是安德烈亚·帕拉第奥在1540—1580年间设计的作品中的一座。

"有罪"还是"无罪"呢？这需要同样类型的过程。我所知道的最好的设计理论，就是不断地思考如何使事物恰到好处。

接下来的一个最简单和完整的设计理论很经典，要求建筑物"便利（commodity）、坚固（firmness）、愉悦（delight）"。这个理论最早是由公元前1世纪古罗马的建筑学家和理论家维特鲁威斯提出的。如果每个人都运用这一基本的建筑检验标准，我们可能会建造出更好的建筑。这里，"便利"涉及一座建筑物的功能方面（它如何满足计划），"坚固"涉及建筑物至关重要的部分（结构、排水装置、机械装置、电力装置、管道装置、能源使用等），"愉悦"涉及我们对建筑物美感的理解。达到"愉悦"的效果是这3个标准中最困难的，也是最需要建筑师的天分的。会计师和策划者可以保证建筑物的便利，工程师可以保证它的坚固，但是"愉悦"需要建筑师的特别努力——如果能达到这一标准，有时就能上升到艺术的水平。

"愉悦"在设计过程中往往以多种方式体现。当然，最强烈的"愉悦"来自我们对空间、光照、比例和形式的理解——建筑物基本的艺术形式。除了这些，还有很多方面。"愉悦"同样存在于建筑师对设计因素的巧妙处理中：美观的比例、有节奏的序列、形式的多样化、各组成部分的平衡、充满戏剧化的事情、刺激性的色彩等。"愉悦"存在于建筑物的每个细微之处。路易斯·康曾说："上帝存在于细节之中。"其他的感觉丰富了"愉悦"：建筑物的声音（水、风、脚步和声音的品质）；触摸建筑物的栏杆或门把手，触摸墙壁或地板的纹理；令人愉快或不愉快的气味，这些都会产生影响。另外，对感受建筑物的品位的预期愉悦感丰富了我们的全面理解。设计过程包含了所有你可以想象到的能使所有感觉愉悦的因素。

在设计过程中，满意度大部分来自创造一种关于建筑物的设计风格。在设计师熟练运用设计要素时，形式、材料和特定目的赋予其艺术表达的风格或方式，这些想法的综合逐步形成了设计风格。设计风格会通过种种方式向观察者展示出来——例如，窗户或门的设计细节，交叉点的设计：门把手、烤架、支柱的设计细节，以及材料的使用等成千上万个设计理念的细节。

很多建筑师，如意大利文艺复兴时期的大师安德烈亚·帕拉第奥，形成了影响了全世界几个世纪建筑师的设计风格。

　　另外，弗兰克·劳埃德·赖特——一个天才的发明家，创造了一种综合了多种初始设计风格的、崭新的、一致的、完整的设计风格，这一系列全面的设计风格形成了20世纪的设计哲学体系，并且影响了每个人的生存方式。其他重要的建筑师如埃罗·沙里宁，试图为每座建筑物设计一种新的建筑风格；他的创造力对很多现代主义运动的精细化影响很大。今天的很多建筑师在创造一致的风格方面很成功，这些风格已经内化到了他们所有的工作中。建筑师理查德·迈耶是一个国际知名的大师，他的设计风格是白色和直线形式。哈维尔·汉密尔顿·哈里斯、奥尼尔·福特、弗兰克·韦尔奇、雷克和福莱特创造了地域设计风格，这些设计风格还在影响着位于那一地区的建筑物。有些风格基于技巧，有些基于工艺，有些基于几何关系，有些基于传统设计，有些基于创造性的形式，所有这些都是个体创造力的一部分。

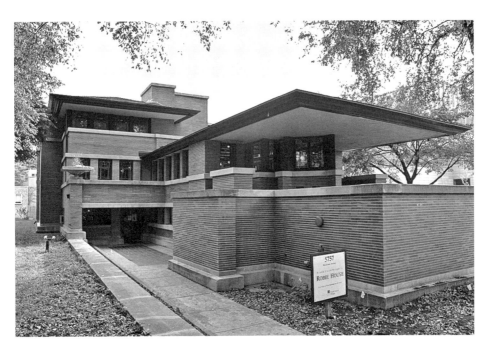

赖特的大草原学校的屋子使用了一致的设计风格，其中有些细微的修改。

对于观察者来说，一种能够理解建筑物的激动人心的方式就是能够读懂建筑物，从而能发现和欣赏设计的特色部分。设计风格会被敏锐的双眼所发现并且欣赏，就像耳朵能欣赏经典的音乐一样，它的主旨和多样性随着建筑物的形态、发展和概述而不断展开。这些主题或设计风格是音乐和建筑物的核心。

读懂一座真实存在的建筑物的设计风格是一种有益的经历，对发展你自己的设计风格会有帮助。从观察一扇窗户开始。从里面或从外面看对于体会建筑物都很重要，从外面看建筑物的一个关键部分是其正面。注意窗户的边缘，它们是怎样做的？用什么做的？框边大约有多深，离墙有多远？什么围绕着窗户？窗户如何分开的？它们的比例？设计者如何将它与其他的窗户相关联？这个窗户有什么其他特殊的地方？当你通过它往外看时，它的高度是否合适？什么支撑着它的重量，一个拱、一道梁还是看不见的其他什么东西？这些特别的地方会显示出设计风格。用同样的方式观察门，看它们是如何相关联的，观察屋顶和檐口，边缘厚还是薄？是水平的、倾斜的还是曲线的？屋顶是用什么做成的？屋顶如何支撑？通过墙壁、梁、拱形结构，或者它看起来是悬浮的？观察墙，看看是不是有什么特别的地方。什么材料？多少种不同的材料？它如何与地面、屋顶相接触？是承重墙还是实心的可见结构框架？是本地的还是外地的材料？它是什么颜色？观察一下建筑物的集合状态是由多个部分建造而成还是以一个整体呈现？从建筑物的外部如何察觉里面会发生什么？建筑物如何与街道、天空相匹配？它具有真实性吗？它看起来真实吗？它是模仿物或原创设计，还是两者兼具？它有没有经典的比例和布局？布局是随意的，对称的还是不对称的？这些观察可以帮助你了解设计者如何形成多样化的设计风格来解决设计问题。在设计中，当我找到适合某独特建筑的风格时，我感觉我具有了一个解决大部分设计问题而不用反复检验每个条件的途径——让风格在设计过程中帮助你完成设计。将设计风格的一些例子放在你的概念列表旁，它会引导你。拥有合适的设计风格和拥有合适的建筑概念一样让人感觉舒适，就像是金发女孩找到了合适的椅子。

如果你不喜欢你所做的该怎么办？这不正确。采取行动，寻找灵感，查阅你所喜欢的书籍和杂志，探索新的设计。寻找那些可能会完善你的已经接近正确设计的想法。翻阅建筑杂志来评价当前的设计方向，那里面的建筑没必要是好的，

理查德·迈耶一贯优雅和轻快的细节连接起了拉乔夫斯基住宅（位于达拉斯，1995—1996年建造）的表面。

它仅仅是杂志发行时，杂志办公室里的编辑对最新和最不寻常的可得到的作品的选择。更丰富的好建筑范例的收集可能在书店和图书馆里，在这些书里，编辑、设计者和公众对建筑物会有更多的评价。除了灵感以外，你的搜寻会使你洞察到其他的设计者将如何处理类似你遇到的问题。

当你认为你的示意图设计已经解决了关于建筑理念、大小、花费和建筑形式等方面的主要问题，并认为这就是你想要建造的建筑物时，你就要准备在技术设计图中通过解决所有这些问题进一步明确设计细节。

技术设计图，就像这个词所暗示的，将开发创造建筑物的所有建筑方面——结构的、机械的、电工的、管道的、交通的和其他的特性，包括室内布景和街

埃罗·沙里宁为每个工程都创造出一种新颖的风格。

景。这些构图是详细准备技术施工图的基础。

你可以有多种方式来根据技术设计、施工图和实际建筑进行工作，这取决于你希望如何参与，取决于你的技能和你期望达到的建筑设计水平。你可以拿着你的设计结果去拜访建筑师，同他一起评论、改进并且完成设计。你可能想要建筑师从头开始，将你的工作作为计划的一部分或仅仅是完成你设计中的技术方面。很多建筑师不愿意做后者，他们更希望在建筑师与非建筑师的客户之间建立起持续的关系，而这些关系会不断地产生很好的结果。

因为目标不断变化，所以建筑承包商通常由他们自己内部人来"拟定"你的设计。将你的构图拿给承包商或建造商，和他们签订一个书面的合同，以达成关于修建什么样的建筑物的共识并开始建造，你要意识到工作中的承包商会自己做出大部分的决定。这里的危险是显而易见的。在这种情况下，你可以通过查看承包商或建造商之前的工作，通过了解设计水平、建筑用料和你可以预料到的细节来得到所需要的保证。

另一个大胆的选择是你自己来完成工作，在不同的阶段得到你所需要的帮助，并且与一个你信得过的承包商合作来完成工程。阅读施工图要比阅读书籍容易得多，这些草图被建筑师用来与承包商进行交流。当你把精力集中在你的思想和想象时，你可以从定位墙壁轮廓、观察尺寸、使设计想法形象化入手，以明确什么是你真正想要的。

建筑物往往由成功的开发者设计和建造。这些开发者具有多样的"设计建筑"组合，这些组合可以用来建成优秀的建筑物。从设计的视角来看，这点在建筑文化中最有效，在这些文化中，建筑上切实可行的传统仍然有一席之地。

当你考虑设计过程中所需要的技巧时，职业建筑师和非职业建筑师的区别是很大的。职业建筑师的优势就是他们从大学里获得了超过2000个课时的设计教学课程的指导。他（她）已经连续学习了5年或6年的设计教学课程，每天5小时，每周3天；并且他们学习了很多技术课程。所以，由于缺乏职业的训练，非职业的建筑师必须有耐心进行探索和改进，不要因为缺乏经验而沮丧，当你花费时间从你的工程中得到指导时，你会迅速地获得经验。此时，设计就是重新设计，整个过程中你要做出成百上千个设计决定。

　　我们已经在设计过程中开始了我们的工作，但是现在，要知道优秀建筑物所需要的灵感还需要你的大胆和奉献：有大胆的精神去发现最好的解决方式并且运用它，有献身的精神来获取恰当的解决方式。让它成为"举止得体"的建筑物，对街道和邻近的建筑物都"彬彬有礼"。

第九章　形象化：绘图、模型、铅笔与计算机

　　如果我们准备把生命献给建筑，我们必须相信它们值得我们这么去做，相信它们有生命，可以言语，可以从建造者和入住者那里得到精神支持和高度关注，并且可以贮藏这些投入，给予更多的回报。面包片裹上水得到的总会是俱乐部三明治（善有善报）。

　　　　　　　　——查尔斯·W.摩尔（1925—1993），美国著名建筑学教授、教育家

亲爱的海莉：

　　形象化和图纸是建筑师工作的关键——对工作质量来说，它们与建筑物的建造是同等重要的。你问："一个人如何使一项设计形象化并且从图纸或模型中捕捉到建筑物的形象呢？"形象化是创造力的核心：它是能使你的想象力集中的机制。它是一个关键的工具。

　　我第一次能够在脑海里呈现一个等比例的建筑物，是在我设计一个小型博物馆的第二年的一天深夜。我草拟了几个该建筑的透视图，但是我意识到从构图

中我不能在脑海中呈现出建筑物实际的样子。所以我制作了一个小的纸板草图模型。它很有帮助。然后我的室友对我说："要真实！到外面街道上去，试着在你的大脑中等比例地想象它。"我们住所外的奥斯汀街道安静、空旷，但是有很多树、街灯、电线等，因此我可以使用它们将屋顶、墙壁和部分的建筑物以实际大小呈现在心中。我的想象力在脑海中形成了对真实的实际大小的建筑物的映像。这种想象使建筑物足够真实，可以使我带着一些自信做设计决定。这种映像很容易转换为一幅草图——一幅我在街道上将建筑物形象化的透视图。根据透视图，平面图和立面图成型了。最终的工程帮助我从一个设计评审团那里赢得了第一份荣誉。形象化真正证实了它的价值。1964年，在为特拉梅尔克罗公司设计达拉斯服装市场的展厅时，我同样使用了形象化工具。展厅有一个足球场那么大，高60

达拉斯服装市场的展厅需要长12英尺的模型来设计300英尺×200英尺的空间。布拉特、鲍克斯和亨德森设计，1964年。

英尺，计划可容纳2000人进行午宴时装秀，并被100万平方英尺的陈列室所围绕。空间的一头大到足以容纳我和同事建造过的任何一座建筑。我们无法将如此巨大的空间的实际形象展现在心中，于是我们制作了比例为1英寸等于1英尺的模型。

　　模型很大，两个人可以从地板模型的缺口伸进头去察看，这样我们就可以从内部为空间造型。将建筑物的尺寸以实际大小进行形象化——例如，想象空中60英尺高的檐口——我们在仅能找到的那般大小的房间中测量可对比的特征，这个房间就是中央车站（Grand Central Station）。当建筑完工时，我们发现除了一个尺寸外，我们的模型数据很准确。当脚手架最终移除，已完成的空间

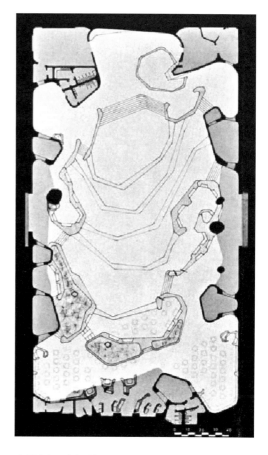

上页展厅空间的平面图。

展现在我们面前，我们走进去时，展厅看起来要更宽阔一些。我没想到我的脑袋在模型中占了24英尺。

　　所以，我的观点是，你需要尽其所能来创造能帮助你将建筑物形象化的装置。这样你就可以获得关于你的工程的真实映像。

　　关于形象化和画图，《纽约客》杂志的绘画名家索尔·斯坦伯格说："绘画是一种在纸上进行推理的方式。"

　　我想给出一些关于如何开始的简单说明，通过这种方式来提供能使你的纸上设计具有真实感的知识。画图真的不复杂。克服你不会画图的恐惧感。你可以，

我相信你!

设计可从一个极小的草图或者一个"餐巾草图"开始,也就是任何一个就近的东西上都能画草图。有了一小片废纸、一个想法和一支铅笔,你就可以创造奇迹。实际上,你可能在这一阶段做着整个工程的最重要部分的绘图工作,因为它可以帮助你捕捉到创造性的想法。一旦你有了好的想法,就要找东西画下来。比如,在飞机上,一个垃圾袋要比餐巾纸好并且更耐用。重要的是开始勾画你的想法。我的一个手绘老师教给我一个简单但很有用的技巧:从一个点开始。她指的是,用钢笔或者铅笔在纸上除中心以外的任何地方画点,开始画下你正在看的事物(比如一个静物)或你脑海中所想的。尽最大努力记录你的想象。如果画得糟糕怎么办呢?你有一个废纸篓。尝试更多的设计,直到获得一个能开始表达你的想法的草图为止。

计算机程序同样能做一些很重要的工作,如果你具有很好的计算机技能或者有时间去学习它的话。我建议你从简单的面向初级使用者的程序开始,像AutoCAD(三维辅助设计软件)这样的专业程序可能会花费很多时间去掌握,比你能进行流畅的设计所需的时间还要长。大部分建筑师工作室广泛地运用AutoCAD,这需要很多的培训和经常的实践。可以学习软件的使用说明或参加一个培训班,但是要牢记我在这里建议的设计过程。当使用简单的"建造房屋"程序时,你可能会忽视它们所呈现的形象并不符合实际建筑。计算机很容易给人一种错误的安全感,因为它没有思想,而且它可以将图画得很好。我所认识的大部分建筑师都认为应该用铅笔来开始设计。然而,也有很多建筑师从不使用画图板,他们选择使用 AutoCAD。经过多年的实践,他们可以在计算机上精细、流畅、充满热情地工作,但也有人认为这会使工作呆板无趣。今天的学生是伴随计算机一起成长的,因此,毫无疑问,当他们开始发展基于计算机的优秀设计技能时,他们有一定的优势。计算机已经塑造了先进的建筑物,没有它们是不可能做到的。

为了给你一些关于画图是设计的一个主要工具的认识,我会好好讲讲如何开始画图。

我喜欢铅笔,我从未使用钢笔或计算机画图。我最喜欢用2B铅笔画草图,用

HB铅笔勾画硬线条。不过画图的第一步，你可以使用任何一种手边的工具。当你在设计过程中被吸引，当你需要得到关于建筑物的特别说明时，你可能需要一些特殊的工具。

如果你打算开始设计过程，要确信你可以在300美元内得到基本的工具。到建筑师用品商店或图纸店里购买一些简单的配备。以下是我的采购列表：一个24英寸×36英寸或20英寸×30英寸的内置有单双杠的绘图板（最好是Malinen牌的，因为它有一个可靠的横木，将绘图板置于桌子或餐桌上时，折叠支脚易于操作）；一把45°的三角尺和一把长10英寸的30°–60°的三角尺；两支机械制图铅笔（Mars牌），HB和2B；一把铅笔刀；建筑师的比例尺要不离左右，使用1/8英寸等于1英尺或1/4英寸等于1英尺的，用来做规划，画平面图和剖面图；购买两种类型的描图纸：一卷便宜的，宽12英寸，可以在上面描图，大约10张Clearprint或K&E牌的纺犊皮纸（这种纸很贵，但是你可以反复涂画，永久使用）；还需要一盒图钉，用来钉住绘图板上图纸的边角；最后，要购买一个好的置于塑料管里的白色橡皮，如Pentel Clic橡皮，外加一个软橡皮，一个橡皮护罩，我自己经常涂擦，所以我用电子橡皮。

如果你出去购物，我建议你购买两种不同性质的工具：一把小的10英尺卷尺和一把瑞士军刀——要带螺丝钻。这些真实的工具会提醒你，你所画的东西将要成为真实大小的。把这些工具放在你的口袋里，你会惊讶地发现在建筑地点你会经常使用它们。

当你将所有这些东西都准备好了，重新想一下，你想要设计什么样的东西。你可以简单地描述它吗？你需要这么做。我曾经走近我的绘图员或者学生，他们全都弯腰朝着绘图板，我问他们："你们在做什么？"他们会很典型地给我一个散漫的、没有中心的答复。我会回来，继续问："好的，用英语说句话，告诉我你在做什么。"这个问题很神奇地使我们把精力集中在手头最重要的任务上（我在第二章描述小山顶房子的概念时所提到的就是一个例子）。

所以我强烈要求你挑战自己"把精力集中在一句话上"。事实上，应该将它写下来！现在，如果你所展示的正是你确实想要的，那么你就已经做了一个大的决定并且准备好开始了。

如果你想添加某些特性，你需要知道一些细节。这些细节不是说要阻碍你的想法、提醒你，而是在不误导你的前提下，保证你得到足够的、你视线内所有关于修建地点的特性。所以，不要舍弃你的任何想象，将含有所需特性的布置图钉在绘图板上，覆盖一张昂贵的描图纸，开始将你知道的重要信息添加在这张纸上。当然，你要通过画图来完成这一工作中的大部分，比如描上特别部分的轮廓。你需要将布置图复印几份，用建筑师的比例尺来改变它。不要让昂贵的描图纸威胁到你；画图，不断改变，这正是你的橡皮的用处（我曾经在一张比较好的纸上画图、擦掉、重画，然后我的第一张草图在几个月后最终被用作施工图）。用铅笔，不要用钢笔，因为当你发现你可以做改进时，铅笔绘图很容易更改。这不是很简单吗？在这里，你正在学习最重要的、有价值的东西、地点，就像你学习如何画图一样。

同时，便宜的描图纸是用来试验想法的。你会用到很多，可能一天50张。昂贵的纸张是用来记录事实和决定的；便宜的纸张用来探索新的想法。

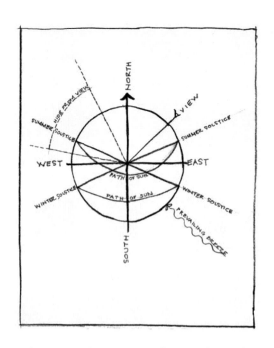

罗盘图展示了太阳、至点、微风和景色的角度。

首先，精确地描出边界，画一个精确的指北针，然后画上必须要包括（比如树）或要避免（比如悬崖或石头）的地点特征，同时还要画上你想要看到的、朝向优美远景的方位，和你想要隐藏的、朝向没有迷人远景的方位，画上周围的建筑物，你就能把形式与它们相关联，你还能知道你会看到它们的哪些部分，可以知道它们在什么时候会遮挡太阳。画下所有重要的建筑物收进线（你的城市建筑巡视员会帮助你决定这些，还会帮你决定停车需求、最大的覆盖面积和最高的建筑高度）和任何其他你认为重要的信息。用轻微的点线画出地形等高线（你的调查应该已经弄清它们）。然后，在罗盘圈（又称罗经花，compass rose）中修饰指北针，画出朝向景物的箭头，画出可以帮助你辨识日出日落轨迹的至日角（solstice angles）。现在你暂时了解了精确的事实，可以开始考虑主观问题了。注意这条关键的格言："首先决定哪里不建什么。"用线画出你不会或不能建造建筑物的地方。现在你已经画出了一个描述地点真实情况的基址设计图。将它放在手边——它代表了你的财产。

接下来，在作出任何一个关于建筑物平面图的假设前，画一些穿过建筑物地点的剖面，如果建筑物在山上，要沿横向和纵向观察剖面。如果这些图适合放在你的平面图的边上，将它们放在那里，因为这很便利；如果不适合，将它们画在一张质量较好的纸上，基线上方要有足够的空间来画建筑物，现在你有了两幅基本构图：一幅地点平面图和一幅两个地点剖面图。保留它们、理解它们、用这两幅图同时进行试验，这样你可以理解这个地点的三维广度。

你也应该考虑制作一个建筑地点的地形模型，它会确定无疑地帮助你使之形象化。有一个简单的方法来制作这个模型：用纸板剪出每一条等高线的轮廓，然后将它们黏在适当的位置与地形图相匹配。纸板厚度要跟地形图的比例相同。

现在，在纸上和你脑海里开始有了这一特别的地方，你的一块地的形象。你对这块地的视角已经从街道转换成了完美的、可用的、对于这块地的抽象——在勾画出的正交投影图上。顺便说一下，建筑师的专业术语描绘了三种类型的草图：平面图、剖面图、立面图。平面图就像是从鸟的视角来直视下方的建筑物。剖面图可以描绘如果你沿着建筑地点或建筑物作切割所能看到的东西。立面图描绘建筑物的各个侧面——这种情况下，可以描绘外侧——运用水平视角，不要透视。有四个典型的外侧正视图，分别是每侧墙的外表面。

另外，对于刚开始的人，相对罗盘图上你画的能展示太阳视角、主要风向、想欣赏的景色、想避开的景色的信息，做一些对于你的建筑物来说最佳地点方位的假设。然后，按规定比例画出单独的最重要的房间，把它安置在你想放置它的地方。它可能在大小、比例和位置上有错误，但这是开始。你现在正在运用你的思维把建筑地点的草图和你对于建筑物的想象联系起来。这是形象化的途径：建筑地点上的实际大小，根据你脑海中的形象在构图上记录并且控制它。（参考第二章，你可以看到如何用树桩和彩色胶纸在建筑地点上展示实际大小的房子。记住，这些树桩也很容易变动。）把你的想法、草图、地点转变成三维立体的真实形态，同时在你的地点剖面图上画上房子。你的设计概念的形象化和实际工作就是你所取得的进步。

在做完这些仔细的实际绘图后，对其进行评定和调整，看看还有何可创新之处。允许自己放纵一下。事实在纸上，所以现在你可以探索你希望的任何幻想，画一些徒手画让想法驰骋。你可以试着画一碗水果或花园的一部分。从近处的一个点开始，但是不要从中心开始往外画。你可能想要在当地博物馆或画廊参加一个写生课。据说著名的西班牙建筑师安东尼奥·高迪每周都去参加一次写生课，甚至在他成名之后也是如此。

现在换用便宜的纸张，覆盖你所画的基础草图，并且画一些关于如何将其他房间与你已经确定位置的最重要的房间相联系的试验性图表。你已经根据这些信息有了一个开始，但是要在基础草图上使用新的信息进行试验。当这些空间和关系变得越来越真实可用的时候，你就可以将它们加在基础平面图和剖面图上了。

随着上面楼层组织的映像逐渐具化，看看底部墙壁该怎么排列，楼梯是什么走向，并且要开始思考结构。了解结构最重要的事情就是每个东西都有重量。这些重量会通过墙和柱子径直传向地面上的地基。承重墙——比较典型的是外墙和主要房间的墙——承载了大部分的重量。要意识到超过4米宽的房间需要一些额外的结构，如较深的托梁、横梁或钢梁。超过1.8米的通道需要一些特别的横梁。但是，总还是有例外，所以如果有必要，你应该让某个专业人士确认你的结构并且修正它，从而保证你的设计能顺利实现。

你可以通过模仿一个好的模型学到很多，所以我建议你找一些与你有关的建筑师所画的建筑草图，认真学习。这时你可能需要开始购买一些基础的建筑书籍或探索当地图书馆的藏书（之后，你可以通过学习和模仿实际作图学到很多，正如我所做的）。它们会帮助你理解令人迷惑的符号、语言和惯例，而这些正是建筑师用来为建造者有效地描述建筑细节的方式。这些细节在工作图或施工图上都很复杂，但是这些细节比你立即需要的更有技术性。

最后，你要认真学习立面图。通过画一个或两个建筑物的剖面图开始。这是每个人——业余的或职业的——都必须要做的，因为正是在这里由设计者自己决定建筑物看起来是什么样子。当你画轮廓并且开始设置窗户、门、房顶，以及你已经试探性地布置在你的计划中的其他特征的时候，要有耐心，对自己要宽容。它可能不会很好，所以用便宜的描图纸覆盖它，进行部分或综合的工作，直到你对建筑物的本质有了一定理解。因为你第一次的尝试不是很理想，即使是职业建筑师也是如此，所以要考虑如何改善它。你有一个关于你希望建筑物看起来如何的主意吗？找一些你最喜欢的先例，看你是否能得到有帮助的主意。你想要勾画并且组合每一面外墙的立面图，还有建筑物每个房间的每面墙壁，这样你就可以知道每一个视角已经被形象化地设计过了。但是眼下，只是知道你可以画图，并且这个技能可以通过反复练习而获得。之后你可能想让某个人重新画并且修改你已经开始做的事情。在每一步，你都想停下来，看看你面前的设计，分析它，看看如何改进它，看看它如何与设计中的其他部分相关联。把那些试验性的草图钉在墙上，询问别人是怎么想的，然后选择最好的。同时也要确信它符合你最初的概念和预算，或者你想修改你的概念。事实上，你可能想重新开始。这个过程需要花费时间。

概念模型会帮你将空间和集合体形象化。它们给了你小比例的抽象三维形体，而不是二维的平面图。模型有各种大小，但我认为越大越好。不过你可以从真实的微缩模型开始，它可能不比你的拇指大。不管你信不信，我曾经见过有学生从那么小的模型开始并且用它展示整个概念。你可以用任何可用的材料——纸板、黏土模型、软土、薄金属片甚至牙签。微缩模型仅有几英寸长，却可以帮助你找到适合风景的建筑物的映像。

当然，你也需要一个小的风景模型来匹配它。然后你可以拍下它，运用地点的照片制作一个合成图，通过剪切和复制，或运用Photoshop等软件程序。微缩模型可以展示有关集合体和映像的想法，但是最有帮助的模型是那种大到你可以使其内部空间形象化的模型。

空间模型最好用便宜的纸板和透明胶带制作——这些材料很容易使用并且很容易裁剪，能随着你想法的变化而改变造型。要知道，这并不是由职业模型制造者制作的展示模型，它只是学习模型，一个真实粗略的草图或粗略的三维图示。

我喜欢用白色纸板，因为它可以很好地展示光线——光线和空间是你工作中的因素。使用剪刀或者金属尺、Exacto牌刀子将楼层平面图裁剪得和你的草图一致（可能是一份影印件），将它粘在纸板上。然后拿到屋外太阳下，或者放在一间黑漆漆房间的单一光源下，模拟一天中不同时间的太阳光线；开始注意遮光物和阴影的影响。采用水平视角，想象把你自己置于模型里面，这样会给你一个关于你的创造物的更真实的视角，比你从鸟的视角去观察要更真实，没有人可以真正从鸟的视角去观察。把它展示给其他人看，修改它。你如何才能做得更好？

你可能已经注意到，将屋顶置于上面很困难。屋顶是很困难的设计问题，你可能会想再来一遍并首先考虑屋顶。当我在做设计的时候，我总是会将屋顶的形状置于脑海中，有时候我甚至会从屋顶形状开始工作，把与它有关的所有事情当作一个雕塑体来看待。在这里你看到了模型最大的好处之一：它需要一个完整的形状，一个屋顶。

有了一个你满意的三维模型，你可以再回到草图，合并那些变化的部分。在你尝试过为同一建筑地点的同一项目做另一个设计方案前，不要太迷恋你的草图或模型——它可能会更好。它可能是你的设计中可以遵循的新途径，或者它只是很简单地证实了你的第一个想法，第一个想法往往都是最好的。通常当我决定把资金花费在一个想法前，我都会尝试一些不同的想法。如果很多人参与了决策，这会有助于讨论其他选择，比如相较于B计划，A计划有什么优点？通常，新的想法会产生，将它们与你的第一个想法进行比较，看看哪个是最好的。你必须要证明自己所选择的想法非常合理。没有比评论更好的验证方法了。接下来我们会探讨设计过程的这个阶段。

第十章　评　论

建筑师应当学会不只是研究最低的需求，还应当研究最大的可能性；学会如何经济地利用空间，还要学会如何浪费空间：不仅要学会如何使用空间，还要学会玩弄空间。

——约翰·萨默森（1904—1992），英国著名建筑史学家

亲爱的汉娜：

你问我，我是如何知道在什么时候我的设计是"恰到好处"的？你说你正在设计一间很小但很雅致的工作室，里面会展示你的作品。你需要做一些重要的设计决定。不管你在建筑学方面有什么背景或经验，你想知道这一设计会不会在建筑学方面令人耳目一新，会不会高雅得让人难以接受，或者只是平淡得让人熟视无睹？这真的是我能够做到的最好的吗？计划起作用吗？剖面图和立面图怎么样？布局和比例合理吗？我现在做得怎么样？这些都是很好的问题。说明你已经为评论做好了准备。

　　决定设计问题需要你自己与其他人进行广泛的交流。在你花费时间和下赌注在一个设计上之前，你需要对你的设计进行深度验证。你需要用不同的模式来质问你的设计，做事实检查，比如它是为两百人建造的吗？如果我们扩大规模呢？有更好的结构系统吗？这些问题，以及成千个类似的问题，表明你需要利用一些帮助。

　　即使你在完善设计时已进行了很多自我批评，你还是能从那些熟悉这类项目的人的批评中受益匪浅。职业设计师以及学生都把评论看做是用来检验、诊断、评估、收集新的想法、证实思路、创造问题或提出一个新方向的基本步骤。评论不是一项否定性的练习，也不是一个艺术评论家的评论，它是评定和讨论设计、设计有效性、设计建议质量的一种途径，例如，当我的同伴和我评价彼此有关视觉（比如布局、比例和形式）的设计时，我们会把草图钉在墙上，然后进行评价。通常我们会钉3个或4个不同的设计，讨论哪个是最好的，需要做些什么来改进它，然后选择最好的那个，拟订它，试着完善它。这种选择是靠大家的眼睛来进行的，不需要数字。

　　一对一的评论是设计教学的基本方法。它也是音乐教学、绘画教学、雕刻教学等大部分艺术教学的基本方法，甚至运用在商学院的商业计划中。在表演体育中它被称为指导，在写作中它被称为评论性阅读。然而，在建筑学中，需要很多主观的决定，评论则提供了一种有效的方式来探索其他的选择并做出主观的决定——主观决定总是比客观决定难做。毫无疑问，这不是用于辩护的时间，而是成长的时机。

　　在建筑系，评论要么在学生的课桌上进行，要么通过正式的设计委员会进行，该委员会由全体教员、学生以及专家组成，学生在拥挤的展厅里向这些组成人员展示他（她）的草图设计或模型。委员会成员讨论该设计的特色和尚未解决的问题，他们可能会提供一些建议，并根据学生的答复提供一个全面的评估。这和职业训练很接近，不过它是一种会议形式，在这个会议上几个专家会表达他们的观点。如果这些评论被恰当地采纳，将会帮助你提升到一个新高度。评论是你的朋友。

　　客户会议类似于评审委员会的评论。在客户会议中，你向客户展示你的设计，他们作出回应，然后你不断重复这个过程以找到正确的答案。当你既是客户又是设计者的时候，试着从客户的角度客观地看待设计者的工作并且做笔记。

有顾问参加的设计会议是一种协作性的评论，在这种会议中，会出现一个比任何单个人的解决方案都要好的共同的解决方案。我最喜欢的一个过程就是同一个有想象力的结构工程师进行创造性的工作，他会处理困难的情况，并且会提出一些既有趣又合理的解决方式。

与设计会议和评论非常不同的是许多公共机构的评论，这些评论要么来自那些要求你的设计服从当地、国家和联邦法律的公共机构，要么来自那些给工程提供贷款或保险的金融机构。这种评论是一个拖延且可控的过程。但是它是关键的过程，至少是不可避免的，所以我的意见是，在工作中灵活地利用它，而不要故意抵触它。通常，针对分区、建筑规范、消防规范、环境规范、历史保护法律、残疾人通道、交通、可持续发展等的评论具有技术性，并且耗费时间，因此需要顾问作为服务商和官方发言人参与进来。这对于专业人士和非专业人士都是适用的。不幸的是，在很多城市，这一过程已经变得像迷宫一样复杂，比起设计过程，你可能要在审批过程上花费更多的精力、时间和资金。但是，很少有关于建筑设计质量的评论。这取决于你。

难得的关于规范的知识，加上之前的专家的评论，会预示着一个富有创造性的设计过程。事实上，规范是一系列的事实，同预算类似，这些事实包括并且规定了工程项目。将它们创造性地加入到设计过程中，它们不过是解决问题的另一半保障。

在继续推进之前，考虑一下这句话："如果你不喜欢它，就不要修建它"。最昂贵的错误是修建了你不喜欢的东西。我也欣赏伟大的温斯顿·丘吉尔的观点："如果凡事都能唾手可得、随心所愿，那它也就不值一提了"。

第十一章　建造建筑：实例

能绘制一幅画，雕刻一件肖像，美化几个物体，是很了不起的事情，但更加荣耀的事是能够塑造或画出我们能看出来的那种氛围与环境……能影响当今特性的艺术，才是艺术的最高境界。

——亨利·戴维·梭罗（1817—1862），美国著名作家、哲学家

亲爱的吉姆和贝特西：

在你们的上一封信中，你们说想知道对你们山上的房子的设计和建造有什么期待，因为你们在考虑是否要亲手建造它。

这里我的目的不是要告诉你们"如何建造它"，更多的是"如何考虑建造它"。没有人知道设计建筑物的完美方式——这也是为什么这个职业是实践性的！——但是它有助于形成一幅可靠的图表来指导你们的建造方式。作为一个指导性的例子，我会试着告诉你们我自己作为一位建筑师是如何进行设计的——在设计过程中我考虑的一些事情，以及为什么考虑这些事情。当然，我的同事们在

这一过程中会有他们自己的变化和许多不同方向的想法。同样，你们当然也会有自己的想法。我仅仅提供给你们一种方式。一座房子能创造一个绝好的描述设计的手段，部分原因是我们都很了解房屋。毕竟我们住在房屋里。既然你们要在山上建造一座房子，我会向你们介绍我自己设计一座山顶房屋的经验。在这座山顶房子里，可以眺望奥斯汀的轮廓和泛着银色光泽、穿越覆盖着常绿栎树林的这座城市的河流。

地点是在诺布山的最高处，你们从滨海平原沿着墨西哥湾一路走来，诺布山是传说中得克萨斯山城的第一座山。这些高地条件使奥斯汀区别于附近的平原城市。巴尔康尼斯陡崖形成了这些起伏的山丘，山下的河流已经几千年没有生机了，这里是山雀、主红雀、朝鸟、鸽子、成群的白尾鹿安宁的栖息地。生长着茂盛的栎树、山月桂、灰柏，这里的地势向东南方倾斜，常有微风拂过，风景无限，同时又让人觉得兴奋、激动不已。这一区域的特别之处主要是有一大片厚石灰岩，表层土稀薄但自然植物群落很丰富，其上从未建造过建筑物——是设计一座房子的绝佳之地。

我和妻子艾登开始有了每个人在建造住处时都会产生的幻想。我们花几个小时思考在一生中我们想如何生活，现在孩子们已经长大了；我即将退休，但艾登还是一名能做事的主管。起初，作为一个古典音乐爱好者，我想要一些足够大的

从诺布山房屋建筑地点上看到的轮廓远景。奥斯汀，得克萨斯州。

空间，能够举行室内音乐会。但是，艾登渴望有一间浴室和梳妆室，梳妆室可以同时作为晨间办公室，这样她就能一边梳妆打扮，一边通过电话开始新的一天，我们每个人都想要一间自己的工作室或办公室。另外我们还想有个能接待一大群人的空间，即使它仅需要一间小房子。当然，我们还有几百个小要求。这些要求会在设计和建筑进程中不断呈现。你们想怎样生活的决定将引导你们思考一些常理之外的问题，你们可以在独特的房子中创造一个自己的特别世界。要记住：你们的房子不需要同其他任何人的房子类似——而且大概也不应该这样！

　　作为一位建筑师和诺布山的半个客户，我可以化繁为简，简单地描述我的设计过程。在这里，我可以自由地运用一种开放的、特别的过程，这仅仅适合那种不涉及许多客户、使用者和顾问的小建筑物。它包括仅考虑所有功能性因素和设计变量，运用我认为是常识的东西以及富有经验的审美判断（在把讨论的事实插入到前面章节中之后）。然后一遍遍地重新思考设计，直到它让人感觉"刚好合适"。我希望已经说服你们，好的设计是一种劳动密集型活动——只有当你发展出一个清晰、合适、令人兴奋的概念时，设计才会成功。

　　表面上看起来，我为这个计划和地方构思建筑概念的方法很简单，在诺布山

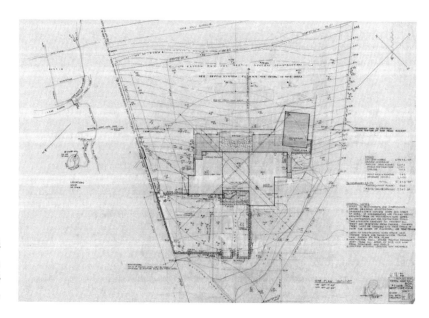

诺布山房屋的地形测绘图和平面图。笔者，奥斯汀，得克萨斯州，1992年。

的半英亩山地中，有一片茂密的栎树林，东南方有令人赏心悦目的风景，能看到泛着银光的科罗拉多河和掩映在一片绿树海洋中的城市轮廓。很显然，美丽的风景会成为所有想法中的主宰，戏剧从赞美如此美丽的风景开始上演。有一次，我有了一个有望成真的想法，根据我的理解，我画了一幅可以展示这个想法的草图，把它钉在我办公桌前的墙上。然后我以这个想法为目标开始工作，如果有了更好的想法，我就修改面前的草图。它就是我当时想要达到的目标。

当你思考如何发展一个建筑概念时，你要知道这可能需要几天的研究，认真研究这个地方，探求这个地方的自然和文化历史，当然，还要考虑在那里你希望的生活方式。根据所有的可视化物品——等高图、航测照片、周边景物照片、新建筑体草图照片或仅仅是一幅贴有草图的照片，我在脑海里构建了形象化的信息。Photoshop软件可以制作出奇迹般的效果图，从而帮助你形象化和评价成果。彩印件、剪切和粘贴，同样可以帮助你和任何其他参与工程的人形象化。用言语表达的概念想法可能会帮你捕捉灵感。我尝试通过提炼主要因素找到一个明显的、适合的、必不可少的概念。我到图书馆中去查阅那些我最喜欢的建筑物，在期刊中了解最新的思想来找寻能赋予我灵感的例子——与作为现代派（"从没有成见开始"）所受教育的方式正好相反。

心里记着这些想法，我慢慢地走过建筑地点试图彻底认识这个地方，发现和勾画世界上这一特别之地的所有可用资源。在建筑地点上举行一场午后野餐、喝一杯早咖啡，在不同的光照时间看这个地方，这很有趣，也可以得到很多信息。午间（一天中最没有吸引力的时刻，有着强光和阴影的反差）的造访同样有益。在雨天和其他极端天气中观察建筑地点也有帮助。我会使用一些简单的测量仪器——手柄、三脚架上的Brunton罗盘——来了解这一区域的地形。它们帮助我理解工程师的图纸，提供那些我想避开的目标的准确方位，还有那些我想从房子里可以欣赏的风景。

为了能从不同的房间里看到最多的风景，我画图并且想象怎样观察国会大厦的屋顶、得克萨斯大学的塔楼、地平线上已经熄灭的火山和栎树林的前景轮廓，几个小时的观察之后，我知道就像我第一眼看到的那样，景色中主要的部分——

所有景色的中心——是蜿蜒的科罗拉多河以及河面的光线反射。不好的景色非常糟糕：一个大的污水处理厂，破坏了周边的风景，必须用建筑物的一部分和一些树木进行掩饰，而这会遮挡其他的风景。另外，我想找最有利的方式来观察近处的景色。我注意到一些我想要隐藏的邻近房屋的干扰性景观。但是，这个地方从未建过建筑物，所以没有不美的或被破坏的部分需要修缮或在其上大动土木。当然，我知道，在腐烂的生活污水排放区，需要有一片无树之地，不过野花在那里会旺盛生长。

很显然，部分遭到破坏的地区是修建建筑物的好地方。但是我不止一次注意到人们会购买一个有很多树木、他们认为很漂亮的地方，然后却发现因为这些树木施工变得很困难，不得不砍掉树木来建造建筑物。他们忽视了希波克拉底的禁令，他们的做法造成了破坏。

你要注意你的建筑物的方位。这对舒适度、节能、室内自然光照都非常重要。如果有像奥斯汀一样温暖的气候，那么为了舒适和节能，你会希望建筑物的大部分区域朝南，尽量避免窗户朝西。如果是较冷的气候，那么朝向西方，这样你就可以使房间变暖以应对寒冷的夜晚。不过，这些方位不需要很精确。保持5°或10°以内的偏差都能达到这一目的。

如果你像我一样喜欢天文，你可能会想要一些精确的天空方位。我用一个精确罗盘来测量，方位和北极星的精确排列（最好）保持一致，以此来确定精确的北方，然后用一些树桩来使太阳角度形象化。这使我可以确定太阳光的位置和它产生的阴影。我在心中把夏至、冬至、春分和秋分时早上、中午、晚上的太阳角度形象化了。有了这些作指导，其他日子中的太阳就可以想象出来了。这使我能了解一年中房间里、阳台上、天井中的光线，从而考虑太阳辐射的热量。我想我在天文学和宇宙学——我认为这是我想知道我在世界哪个角落的副产物——方面的兴趣，使我能在罗盘的方位基点上精确地排列建筑物，所以我能乐于预测并且观察太阳、月亮和星星的轨迹。如果这些事情使你感兴趣，考虑用方位基点或对角线来进行排列布局，但是不要对你想要的太阳方位或风景妥协。

回到诺布山，接下来我在建筑地点上用黄丝带、金属钉和锋利的弯刀做了一些可能的平面图试验，寻找对于建筑物尤其是对于主要房间最合适的外围结构。

在我快速构图前，我做了这些观察以及有关"地点景象"的最初决定。我不喜欢在对所有设计问题有一个好想法前就认可一个草图。之后，也只有在此之后，我才能够寻找可以解决所有设计标准的想法。

接下来，在绘图板上，正像之前我所建议的，在调查者仔细详尽的绘图上覆盖一张描图纸。调查者的绘图会展示所有的边界、缩进、便利设施、树木和重要的植物，以及其他任何关于该地点的特征，比如有趣的露岩或我想要保存的古代住所的证据。这样决定哪里不修建建筑物会很清楚。我在草图上记录了所有我在建筑地点所做的最初的观察和决定。我画箭头来标示美丽的和糟糕的风景，圈出能够提供特别机会的区域。简单地说，我画了一个初步草图，这个草图里包含了能帮助我设计的信息——这是建筑师称为"可视化问题解决方案"的所有部分。大脑可以神奇地合成草图上的信息，指引我们选择能同时解决所有设计问题的形式。如果不能，就回到绘图板上。

你可能觉得这一准备工作单调乏味，但实际上，这一工作充满了乐趣。现在我拿出初步的地点草图和头脑中的建筑概念返回到建筑地点，更细致地使在哪里布置建筑物的各种功能趋于形象化。在有很多界墙的密集城市地点中，选择会更少一些，但是步骤是一样的。

在设计过程中的这一点上，我同时是一个业余的景观建筑师和室内设计师，我不会像在大工程中那样在早期的协作中就召集这些方面的专家。虽然稍后我会需要一些有关植物材料、花园植物、花园结构以及特殊室内色彩、室内家具和结构方面的意见，这些意见会使想法更完善。这些景观和室内方面的专家对改进设计很重要，在大部分的工程中，他们对概念的开发同样重要。

在理解了特征、光照、地点风景之后，我在绘图板上的下一步工作是在评估完所有事实之后稍作放松。我找到一种软性铅笔，可以创造性地自由手绘。现在我想立即完成两件事情：①为各项功能找到最好的位置；②开始使关于空间设计的可能性趋于形象化，它可能会成为真实建筑物的一部分，到目前为止，我们仅在潜意识里考虑材料、结构、特征。

建筑作为一种实用性艺术，不像绘画、雕塑、音乐，除审美之外，我们还必须考虑很多问题，像重力、雨水、建筑规范、可持续发展、规划和预算——当我们努力制作艺术品的同时我们要考虑所有这些问题。但是，在空间、进程和形式的艺术性创造中也可以拥有诗意。像画家一样，我们必须设计墙壁、地板、天花板的二维表面；像雕塑家一样，我们也要有外在的三维立体；然而，建筑师的主要工具——集合体的内部和外围形成的三维空间——是我们自己面临的特殊挑战。对于大部分建筑物我们都是从外部进行观察的，但这不是我们体验建筑物的方式。为了体验一座建筑，我们必须使用和探索建筑物，就像我们会花费时间欣赏一幅画、一曲交响乐或一本书，它们表面看起来可能很好，但是它们的内涵可能会使我们迷惑，削减我们的兴趣。所以你会需要由里向外设计动线和空间。

很快，概念清晰地出现在我的脑海中和绘图板上，可以用一句话来概括："街道上的一堵石墙，石墙上有一扇厚重的大门，通过入口你可以看见里面；越过一个花园，透过位于宽阔的锥形房顶之下由两块巨石形成的中心区域，你可以看到通向远方河流的所有道路、地平线和轮廓"。在这里，我已经努力将概念概括为一句话，其他的所有事物都将为这个概念服务。两面墙之间的空间大小是22英尺×36英尺，这是房子的主要生活空间，天花板有14英尺高，还有一扇天窗照亮着巨石；与巨石侧面相接的一面是主卧室套间，另一面是复合厨房和车库。实际上，通过机缘巧合而不是遵循先例，这个概念逐步发展成一座"得克萨斯狗跑屋（Texas Dog Run House）"。

我决定把客房和工作室安排在一个与主屋有几米距离的塔楼内。像卡尔·荣格（瑞士心理学家）的象征塔（symbolic tower）理论，我

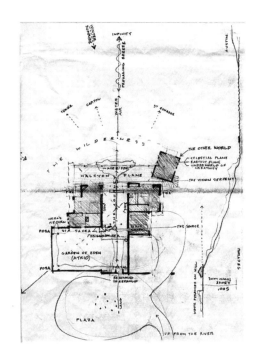

画在一张会议议程背面的诺布山房屋地形和风景的概念草图。笔者，奥斯汀，得克萨斯州，1991年。

们的塔楼有三层：底层用来激发深入的创造力（我的工作室）；中间层——有主要房间的一层——作为地平面（客房）；最顶层，有个可爱的屋顶花园，可以让你通向天空，是夏天晚上躺在吊床上仰望星空的绝佳之地。这些象征中加入了一些个人的目的并且我喜欢它们。在设计过程中，当我看到机会时，我仍然期望增加一些其他目的和神话元素。

像这样的一个简单建筑，在决定墙壁位置前，我会先设计家具的安放地点，并同我心爱的客户（妻子）艾登共同决定所有这些工作，当我们共同努力时，她给了我很多有帮助的建议。在建筑地点和纸上平面图中，我把起居室内主要的座椅安放在能在两个方向上看到最多景物的位置，餐桌也放在能看到类似景物的位置上。同时我也将主卧室的床、早餐区、厨房水池、浴室水池放在最佳的位置上，以获得最好的观景视野。在这些地方，人们通常会花点时间凝视窗外。顺便说一下，对室内空间的清晰掌握主宰着我的思路。在实践中，我很早就认识到了画出每面墙的立面图（里面和外面）的重要性，所以我能知道它看起来如何并且会防止意外情况的出现。只有在我忘记绘制内部墙壁剖面图的时候，出现过意外情况。

（在此我要承认一些事情：对于1/4英寸的比例，我想出了7个试验性的概念，也许你会认为这样未免过犹不及，在过去也许是有点过了，不过我的理由是我们期望在这个房子里住很久。当我发现另一个更好的概念之前，一个概念会发展成一套工作草图。在这些试验性的概念中，所有的家具摆放在相对于景物同样的位置。在一个有吸引力且复杂的设计中，我雇了一个同事来建造一个大比例的模型，长约6英尺，模型展示了建筑物的所有内部空间，还有建筑物多面的、可移动的屋顶。它是一个漂亮的模型，也是一个令人兴奋的解构案例，解构是那时候每个人脑海里的术语。但是，我和妻子在它的形象化中加入了很多事实，我们决定重新回到基本要素，我们同意建筑金奖获得者菲·琼斯的观点，他曾经说过一种新的设计倾向，"我想我会一直等到这个设计结束"。在7次迭代之后，我决定继续深入的这个设计与第一次尝试的设计很相似。我们得到了什么？要深信：我们得到了有把握的认识，我们已经探索了至少6种不同的方式并且选择了最好的。似乎没有我们更想要的其他设计方案了。）

往外看的同时也要设计建筑物的内部，我会首先设计用餐区。因为当进餐时，一个人会有时间，一天有好几次，可以真正地观察、思考、聊天。工作、会议和睡觉的地方是其次要考虑的，要使它们与户外和主要的风景有很好的关联。如果一个人有一个特别的私人空间来沉思——一个我喜欢称之为"极乐之所（bliss station）的地方，就像约瑟夫·坎贝尔（美国神话学者）的"追随天赐之福（Follow your bliss）"中的一样——它可能会得到最主要的风景。在一个房间里，比如在餐厅里，在一天中的特定时间进餐，你可以预测自然光照，就像在某些特定时间举行宗教仪式，这样可以允许你根据那些时间的光照来进行设计。

适度大小的私人空间有益于任何适于居住的建筑物。这些空间——弗吉尼亚·伍尔夫用她的小说《一间自己的房间》给出了一个引起大家共鸣的名字——可以很小，只需要在合适的区域有一张桌子、一把椅子，有没有门无所谓。当你继续优化设计时，寻找可以赋予意义或赋予个人或共同表达的无形之物，把每个

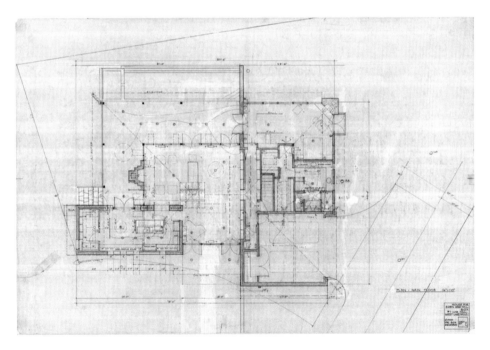

诺布山房屋施工图的第二种设计图，但是没有采用。笔者，1991年。

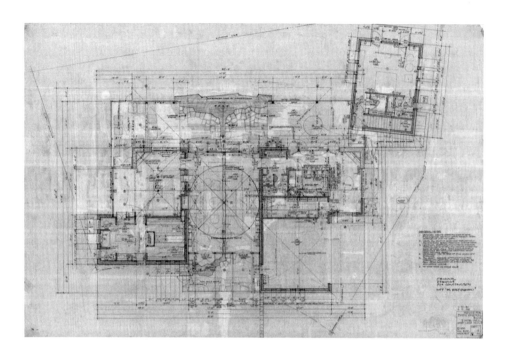

诺布山房屋的施工图。笔者，1991年。

房间——每个房间！——都设计成特别的地方。

对我来说，最重要的功能性和空间性决定之一，是如何靠近建筑物——入口次序——以及随后穿越内部和外部空间的趋向。克里斯托弗·亚历山大的经典建筑学手册《一种模式语言》美妙且详细地描述了这一次序，总结了下列建议：

在街道和前门之间设置一个过渡空间。通过这个过渡空间建造连接街道和入口的路径，并用光线的变化、声音的变化、方位的变化、表面的变化、层次的变化来标识它，也可通过入口来创造范围的变化，最主要的是用视野的变化来标识。

在诺布山的房子里，我运用了地中海地区流行的方式——院子被高墙围绕，而不是运用传统的美国或英国式——你可以直接走到街道或前院中，在草坪上散步（高墙在分区制条例中是不允许的，但是我们感觉它们很重要，所以我们尽力并且很幸运地做到了与众不同）。

由墙、结构、风景组成的空间是寻找空间形式的主要动力。这点理解起来应该很容易。这里，我首先考虑空间和光照在这个特殊地点上如何出现。当然，如果地点涉及比较困难的地形，或者如果有很多其他要考虑的特殊情况，你必须首先考虑结构，不过，结构比建筑物的许多方面都容易处理，并且相比加工材料、机械／电力系统和设备，它花费的预算较少。即便如此，如果有适合的、简单明了的设计，结构在很大程度上会决定建筑物的建筑质量，有助于提供一流的空间解决方式，而且通常花费较少。我喜欢运用一种优雅简单的、类似谷仓状的结构处理方式，这一方式可以增强空间以及空间的建筑学特征。这是一种简单的石砌结构，屋顶是方形锥体的。锥体具有结实的结构以及象征性的图案。因为它的结构简单（没有拐角和凹处），所以排水比较顺畅。

不管我们建造什么样的建筑物，舒适和安全总是我们最先考虑的。我们修建庇护所，根本原因是要修建一个安全、舒适的场所——安全、干燥、不要太热也不要太冷，我们需要优良的饮用水和卫生设施，我们还要选择光照或黑暗，以及技术（还有我们的预算）可以提供的所有便利和愉悦。这些支持系统必须文明化，进出建筑物不要有可见的电线和仪表。一些建筑师非常喜欢工业美感，而我只会在工业背景中欣赏它，除非它制作得非常完美和充满艺术性。服务设施的分配，尤其是暖气和空调，需要平面和立面的一些空间，空调的护栏对观感会有干扰，所有这些最好都要隐藏起来。

你可以确信，在工程中，我通过多次的叠加绘图来使环境系统、暖气装置、空调装置和光照趋于形象化，因为它们可以直观地处于控制和预算之外，它们需要花费整个建筑成本的20%~30%。一个反复修改过的天花板平面图是理解光照和空调装置的有效途径，也是控制它们外观的有效方法。你可以通过在平面图上覆盖一张描图纸，画出修改多次的平面图，就好像你正站在地板上往镜中看，你设计天花板就像设计其他任何表面那样。我向来会画出所有的表面，因为画一些构成拙劣、比例糟糕的东西所带来的痛苦会促使你修正草图。利用 AutoCAD 和其他软件能很轻易地画出这些立面图和平面图，以便你分析并修改它们。你的眼睛会本能地发现不恰当的组合和比例，或很明显的错误。先在纸上的草图中发现问题，要比在建筑物中发现问题好很多，因为那时候再作改变就太迟且花费太大。

找到隐藏每个空调装置的伸缩护栅的方法是个很有趣的工作，值得好好探索。例如，橱柜和书柜下的脚部空间是隐藏空调装置出口的完美选择。我也请一些专家来和我一起观察这些事情。建筑学院不会教新手如何去做所有的工程，相反，它只是传授一些足够的技术知识，建筑师要知道如何同顾问聪明地开展工作，如何在协同工作中挑战他们。与好的工程师创造性地合作会让人兴奋。

在诺布山，我的设计基于该地区的设计传统，就像我的导师奥尼尔·福特曾经教过我的，运用那些设计风格，对它们的价值充满信心：一个大的、简单的、为所有墙壁和走廊提供宽广遮蔽的屋顶，当地的石头——奥斯汀石灰岩——用来做墙壁和地板；门、窗、橱柜用天然木材；绝缘的厚墙；深层窗户；高8英尺的门；壁龛切割成砖砌体；所有主要的房间里，有高高的天花板（大部分高11英尺），灯光从上方照下。

在平面图中，我为远处的风景设计了特殊的视线和室内纵射（"纵射"是从炮兵中借用的一个概念，是指穿越许多空间的一条视线，在它下面可以射击——或者在这种情况中，可以观察），组织平面图是为了公共空间的视野能够开阔，以及私人空间能够亲密、隔音。

主要的活动空间，传统的"狗跑屋"，会用去很多面积预算，这是以其他的房间为代价的，所以它可以在一个稍小的房子里占据较大的空间（我认为很多建筑物的缺点是没有可以用来聚会的大房间）。9英尺长的餐桌会在主要的房间占据显著位置，这些主要的房间设在最好的位置，用来欣赏风景。当镶嵌在石灰岩地板中的暗绿板岩浮现在走廊上时，庭院前流淌的泉水会象征性地经过起居室，好像水池中的喷泉。

壁炉（炉边）通常是一家人聚在一起坐下来谈话的地方，另外，这里很多家庭的常规活动都是围绕电视机进行的，因此，壁炉和电视之间就有了矛盾；家庭成员不能同时面对此二者。所以在有炉火的地方，我决定在起装饰作用的火墙后面安装一个大电视机（结果证明，除了一些特殊的情况，电视机根本用不着）。

我可以预料的是，我们会经常使用的地方是门廊。当它朝向东南，面对河流和城市时，它会让你有种身处自然中的感觉。宽18英尺、长60英尺的空间足够在门廊一端接待一群人了，另一端直径为6英尺的餐桌可以坐下12个人，一个长的、不规则的喷泉和水池位于两者之间。得克萨斯的天气使得一天中至少可以利用一次门廊，除非在极少的很冷的日子里。

为了使厨房有些特色，我想借鉴酒吧的样子，一种非正式的有高脚凳的墨西哥酒吧，男人们在那里饮酒唱歌，厨房的工作区——短浅且紧凑，在三步之内就可以很容易地取到每样东西——会在一个长且厚的木质吧台后面，柜台我想用当地灰杜松大且平滑的木板来做。吧台后幸运的人不仅会面对他的客人，并且在他们之上，还有广阔的天际线。暖色的硬木地板和特别的装饰物，如同诺布山的一

诺布山房屋后面的走廊。
笔者，1992年。

种锌、铜、黄铜的图像，因为通气罩会使这个地方看上去没有厨房，所以聚会的时候它不会太醒目：大的准备区会被合适地隐藏在角落看不到，但是用起来很方便。另一边，我会设计一个舒适的早餐室——一个非常特殊的地方，会有一个可以坐6个人的软长椅。在一些小面积的窗户两边，陡峭的天花板会超出6英尺高。

对于主浴室，通过让它看起来更宽敞（实际大小为11英尺×15英尺）、坐起来舒服，并用东方地毯衬托硬木地板，我努力使它成为一个真正的屋子。与厕所隔间、浴室相配的门和可以看见不同风景的窗户使浴室左右对称，让它感觉更像房子中的其他房间。同时，我把衣橱设计成一个高大的（11英尺×14英尺）、可进入的更衣室，内有墙壁尺寸大小的镜子和跟踪照明，所以它看起来更像一间流行服饰商店而不只是一个柜子。

我不避讳那些我相信会使建筑物锦上添花的个性。一些人会建议你盖一座典型的、通用的房子从而保证转售时能卖出好价格，但是我相信如果个性设计得很好的话，它们只会提高价值。至少根据我的经验是这样，尤其是当我设计的房子被卖出去时。所以我允许有个性。这所房子最非同寻常的地方是8英尺高的墙，作为概念的中心部分，它创造了一个庭院，而不是前院，还有建筑主体外分离的三层塔楼，可以让人通过一个大的后门门廊离开主房间。进入塔楼前，在塔楼外的步行会为我的工作室提供一种真实的和心理上的隔离；同时也会为客房和屋顶花园提供更多私密空间，在屋顶花园上一个人可以真正地远离现实，欣赏360°的景色。

在一处早前我在城镇中设计的更加个性化的房子中，我将主卧室和主浴室隔开，需要穿过通向起居室的藏书室才能到达。这听起来似乎很怪异，但是我的目的是利用帕拉第奥式计划的戏剧性，创造一个大的中央活动空间，带有高38英尺的圆屋顶。正如在诺布山的房子，那座房子的个性化设计被证明很出彩。在出售的时候，比起当时那座城市售卖的其他房子，它的每个房间的单位面积都是售价最高的。

根据你的设计来建造房屋可能比你设计它甚至住在里面更令人兴奋。在房屋的建造过程中，我几乎每个早晨都去诺布山，因为我喜欢工人们请我为他们的工作做决定。我的态度是我想要回答他们的问题，工人们似乎很乐意见到我，因为我在努力帮助他们。一些建筑师会来到建筑地点，告诉每个人该做什么，这会引起不满。我只这样做过一次。当我作为建筑师第一次访问一个大型工作项目的时候，曾经试图告诉砖瓦匠如何砌砖，很快我就发现自己并不知道该如何砌砖，但是我有足够的韧性，使他们能够明白我的想法，即如果砖块不是以我图纸上的方式堆砌时，他们应该按照我说的做。我们齐心协力会使细节做得比我们自己想象的更好。

你无法自己建造建筑物。因为你没有时间，也没有技术。承包商是你潜在的最好伙伴，尽管很多年轻建筑师把承包商视作敌人。如果你设计了一座建筑物，他可能把它建造得很漂亮，也可能做得很糟糕，抬高造价，延误工期，或三种情况都会发生。你能够做的是通过设计图、说明书、施工图和现场会议向所有参与建筑项目的人描述你想如何建造。然后集中精力同每个人一起创造性地工作。怎样知道我是否在施工现场表现出色，最好的检验办法就是看承包商是否高兴看到我，是否有问题准备请教我，而不是用他自己的方式解决。诺布山所选的总承包商是一位曾经和我有过几次合作的人，9个月的建造期一晃而过，我们的合作愉快且条理分明。

典型的设计和建造顺序要经过几个阶段。规划描述了你为什么想要建造这座建筑物。地点的选择决定了你想要在哪里建造它。设计过程决定了你想建造什么。然后工作会以这样的顺序继续：施工图会详细精确地描述你想要修建什么、如何修建（非建筑师在这一步会需要帮助）。标书和合同决定谁来修建它，什么时间结束，花费多少，被选中的承包商和转包商、建筑业主和建筑师会一起协作，让建筑得以顺利落成。除此之外，还会有许多变化的情况，但这是最典型的流程。

另外，我想提出与钱有关的两条意见。合同文件的质量越好，草图和说明书考虑得越周详，它们就能更大程度地减少高昂的成本变动。对合同的常规条款和所有者与承包商之间的实际合同，我总是使用美国建筑师协会的合同文件，因为它们已经经受住时间的考验，并且每年都在更新。对于每个参与工程的人员，建造过程中的变动都会造成不成比例的高昂花费和时间损失。较小的变动可以不花成本并且提升最后的效果，通常还会节约资金。你应该问承包商："这个变动会花费多少钱？"他回答："很多。"这不是正确的答复。知道这点很重要。你需要知道具体是多少，然后你可以决定多少算是很多。变动可能会很小，但是对于你已经在草图中形象化的建筑，它可能会有很大的改进。第二件与钱有关的事情会使人感到工作愉快，因为它可以对建筑业主隐瞒合同上可用的紧急情况之外的10%的建筑预算。

诺布山上已经竣工的房子，完工的时候与预算或多或少有些出入，它具有强烈的视觉形式，在5英里外还能看到它与山坡和谐相融。我们在设计过程中已经安排了所有家具的位置，因此当我们搬进去的时候鲜有差池。一位建筑师朋友曾经问过我，当我住进房子后，我是不是做过一些变动。"是的，"我告诉他，"我在餐桌后面增加了12英寸，并且我很喜欢使用立缝金属房顶。"当入住和招待朋友时，事实证明它的确很舒适。杂志刊登了关于它的内容，几英里外的花园俱乐部会员来参观它，室内乐演奏者在里面演奏；并且博物馆、交响乐团、学校和政治活动都用过它——尽管它只是在一座并不很容易到达的山顶上的仅仅360平方英尺的房子。

第十二章　增加意义

讲述一个故事或记录一个事实的粗糙作品要好过那些最丰富却没有意义的作品。在宏伟的城市建筑上不应该布置单一且没有任何精神内涵的装饰物。

——约翰·罗斯金（1819—1900），英国作家、艺术评论家

亲爱的盖尔：

　　设计师总是寻找有助于决定他们工作形式的方法，它可以是一种功能、一个体系、一个理论、一个结构、一个先例、一门几何学、一个可持续性的问题、一种精神需要——任何真正能有助于我们创造形式的东西。我们试图直观地、理性地、情绪化地证实我们新创造的形式。我们想给它们贴上"特别"的标签。我们想要人们注意、欣赏它们，并渴望住在里面。所以你对于使你的复合体"不只是砖块和砂浆"的关注是合理的。如此多的建筑似乎很容易被遗忘，甚至是乏味的。但是，有些建筑在一定程度上会让人感觉充满生气并且"恰到好处"。它们具有真正建筑的魔力。在过去和当前的许多文化中，神话，尤其是那些具有精神

本质的神话一直是主要的形式题材。建筑在本质上是浪漫的。通过空间特殊次序的运用、特殊的形式、光照、雕刻艺术、绘画艺术和音乐艺术，建筑中可以表现具有精神传统的神话。这些形式促生了文化传统和象征。因此，许多伟大的建筑都有精神的内容。当然，在兰斯大教堂中，精神性是其全部的目的，不过非宗教的建筑也能具有影响灵魂的、超越审美的特性；即使是对一座普通的房子，这也是确实存在的。所以，意识到了这一层面，我用诺布山的房子试验我能否创造另一层意义——能丰富生活在这座房子里的经历，以及提供我设计的形式。

魔法金字塔。建筑师不详，乌斯马尔（靠近梅里达），尤卡坦，墨西哥，公元700年。

你可能想知道这对你究竟有多大价值。但是，如果你愿意的话，当我采用这样的想法来描述这个实验的时候，即建筑物可以讲述我们称之为神话的故事，请跟上我的思路。这里的假设是如果人们对建筑物的态度是开放的，那么建筑物和体验它的人之间会建立联系。建筑物的形式、空间和图解可以传递思想，讲述故事，唤起情感，增强精神，并且会创造一种位置感。故事有开始、中间和结尾。它们有助于赋予建筑物以形式。将这些以神话作为形而上学（也就是说，超出了自然科学）进行思考，而非仅限于建筑学。

一些建筑物是沉默的，没有什么可说、没有声音——仅仅是一个物体；另一些不过是在制造噪声；还有一些可能会讲述一个关于傲慢和炫耀的愚蠢故事。建筑，曾被视作艺术之母，融合了绘画、雕刻、音乐和戏剧——通过艺术家的协作产生伟大的仪式性的艺术和建筑。艺术学院派的建筑师，过去更多地被视作艺术家而非今天的建筑师，他（她）同画家和雕刻家合作来展现建筑物中的图示程序，艺术家会为建筑师创造各种可能的草图和石膏雕塑。在艺术和建筑几个世纪成功的融合后，图示程序随着现代主义的出现而消失了。它是否应该回归呢？

古埃及、古希腊、古罗马和玛雅文明中的神话，还有那些中世纪、文艺复兴时期、启蒙运动时期甚至是20世纪30年代工业化时期的神话，都为那个时代的艺术和建筑提供了形式。在有些情况下，神话是建筑的唯一目的，在纪念性建筑物或宗教建筑物中就是如此。像玛雅那样的文明将许多力量内含在象征太阳和星星的关系的建筑物中。神话被建筑和艺术戏剧化，赋予力量并得以永存。迪士尼主题乐园受欢迎的很大一部分就是基于已广为流行的神话故事。

内含在建筑中的神话可以提供信息、沟通想法、探索奥秘、提供指导、暗示意义、激发思考甚至是恐惧。一些文明的建筑图像是仅存的、告诉世人它们的故事的证据。建筑物可以展示发生在建筑中的人类事件的历史。它不会向我们讲述

意大利佩斯图姆的古希腊神庙。约公元前500年。

墨西哥教堂内部。建筑师不详，16世纪。

怀旧之情，而是直接指向人类精神的生命力。纪念性建筑物传达着神话，并且使神话不朽。简单平常的非纪念性建筑物也同样传达着神话。

今天的一些建筑物似乎热衷于寻找紧跟潮流的形式，一旦潮流过时就变得空洞。尽管后来的现代主义运动很少关注建筑物有可能传达的神话和意义，但是据说早期的现代主义者还是在他们的抽象设计中寻找基本的精神表达。那些在新的建筑中几乎找不到神话内容的使用者和客户，发现对建筑师的需求减少了，这是真的吗?

由功能、结构和理论决定的建筑，只会留下一张白纸而不是一个故事。这张白纸可以引起许多抽象的想法，然而失去的是与用户有关他（她）在建筑物内居住时的精神或神话方面的对话，留给我们的只是设计师的风格和个人的表达。实际上建筑需要的更多。

如果一个人想进行这方面的探索，那么他（她）就应该知道设计过程的每个阶段都可能涉及建筑所讲述的神话。在概念化中，一个人可以思考宇宙学、方位、指导性的要素（火—水—土—气）、图示、象征性、场所或一个特定的故事。当绘画、雕刻、装饰艺术和工艺同建筑融为一体的时候，它是讲述一个神话最直接的方式。建筑的叙述手段包括空间序列（高低、宽窄、明暗、色彩和纹理、动静、冷热、各项活动等）。建筑师工艺的设计手段可以用来戏剧性地表现一个故事。为日常仪式和特殊节日典礼进行的设计能够促进神话的阐述。神话随着每一个经历、每一次讲述而变得强烈。庆祝出生、婚礼、周年纪念日、复活节、逾越节、生日、圣诞节、光明节、洗礼仪式、团聚、毕业典礼等都是扩充神话的持续性事件。神话探索的是诸如这样的问题：我在哪里？我是谁？为什么我在这里？在这个世界上我的位置在哪里？这些都是永恒的、普遍的问题，没有精确的答案；它们涉及身体、思想和灵魂。对于那些认为灵魂不存在的人来说，请继续读下去。灵魂可能会有其他的名字。

　　在直到第二次世界大战为止的近代历史中，许多邮局、法院、股票市场、银行、公用事业公司和办公建筑都用到了图像化方案。图像艺术赋予纽约的许多主要建筑物以意义。伍尔沃斯大楼、洛克菲勒中心、大都会艺术博物馆、纽约公共图书馆、克莱斯勒大厦、帝国大厦——它们都有图像符号内含在建筑物中，使得它们不只是功能性建筑物。第二次世界大战后，这种图像化逐渐变少。

　　为了探索这一额外的设计层次，让我通过一个简单建筑物的设计来引导你。诺布山房子的设计涉及了我在第二章没有提及的无形的东西，因为如果在第二章讲述它的话可能会混淆其他问题。毫无疑问，我相信对无形的东西的二次思考能够为体验建筑增加一些价值。

　　这里的图像化方案是一次"旅程"。它可以包含几个故事。第一个故事是界定场所，以一种超出契约合法性的方式界定独属于你的场所。对于连排建筑中的一个典型的街道样式，需要进行想象和创造。然而，在这个例子中，神话之旅以这种方式开始：一条小路绕着山丘盘旋至此，场所精神（genus loci）、地轴（axis mundi）、这个特殊世界的中心，在几英里外的山顶上

建筑师卡斯·吉尔伯特在伍尔沃斯大楼的内部和外部运用了大量图像符号。这座大楼位于纽约，1911年建成，是当时世界上最高的大楼。

都可以看见。往外看，你会感觉这是得克萨斯山城的发端，科罗拉多河流向墨西哥湾，河水将我们与世界的另一部分相连。我能知道我的确切位置：地球，纬度30°17′50″，经度97°47′55″，海拔922.2英尺，一个有形之地，同时我也想使它成为一个无形之地。

山上这个地方的历史和地质的故事可延伸到人类的故事中，这一切都可以从这座现代城市的天际线中看到：得克萨斯国会大厦的圆顶、大学的塔楼、知名或不知名企业的高楼。维特鲁威斯告诉我们将建筑物修建在有清爽微风的高地上，赖特告诉我们在山脊而不是在山顶上选择建筑物的位置。我不得不赞成维特鲁威斯，因为那是个很小的地点。所有想要建设一个仪式性场所的早期建造者都会把选址与山联系起来，朝向繁星，建筑物的主体可能朝向并对准远方的一个重要物体，从而为这个位置赋予意义。诺布山的房子朝向东南方应该是与主要基点、盛行风向以及波光粼粼的科罗拉多河的风景有关。

这里的一个目标是使这个地方成为一个私人世界的中心。你想从哪里开始？

如果可能，我喜欢从天空下、被简单屋顶遮蔽的、清晰的、有内容的空间概念开始。这个地方从安置一个朝向东南方、方形、锥体的屋顶开始似乎很完美，方形的对角线落在罗盘的基本方位上，正对屋顶的屋脊线，这样你就可以顺着屋脊向上看到北极星。从人的知性上讲，这种对宇宙的神奇锁定似乎使屋顶"恰到好处"。我曾经想，在一个更朴素的时代里应该修建什么样的建筑，那时的人们与土地和气候紧密相连，没有空调使得建筑设计过于浮夸。我也想过，如何把屋

前门是进入诺布山私人世界的入口，穿过入口，就开始了通向遥远地平线的旅程，地平线是图像化方案的一部分。

与其说这是一个前院，倒不如说更像一个地中海式的天井，16世纪教堂的中庭，森林中的空旷地，玛雅人的原始海洋或是简单的封闭花园。

顶下的空间、墙体之间和锥体顶点以下的空间作为一个"狗跑"来连接。这强化了建筑学概念；而在艺术时代，它会被称作"理想配偶（parti）"。

　　随着这一构图锚定了山顶一侧的锥形屋顶，围合了中间的空间——一片空旷地，我想到了一个既玄妙又自然的概念。我可以使用历史上这个地区的宗教形式来展现神话，并创造一种清晰、特别的位置感，一个与宇宙和传统主题相联系的位置。

　　随着场所被修建，其他的神话也可以加进来：关于时间、穿越时间的生命旅程、未来、灵性、自我感觉、许多层次的意义以及超越舒适的庇护所范畴的赞美。融于得克萨斯山城的建筑传统中的神话在石灰岩、金属屋顶、宽悬挑窄屋檐、走廊、朝向夕阳的小开口以及确保阴凉通风等细节中体现出来。这些都是能增强得克萨斯中心建筑物的神话的符号。准备移居美国得克萨斯的19世纪德国移民得到了一家轮船公司的小册子，这本小册子给出了如何在得克萨

风景和小路继续穿过房间，与如水蛇般迂回曲折的石板图案一样，作为人生旅程的象征，向远方延伸。

斯恶劣的气候中修建庇护所的说明："迎着西南风，修建一个基础的小屋，然后修建第二个小屋，一个用来做饭和进餐，一个用来睡觉；两个小屋之间有10~20英尺的距离，之间是有顶的过道（狗跑），并且增加一个门廊使房间免遭阳光的炙烤。"这是诺布山房屋的构图——在这座房屋中，考虑到要使用空调，我在每个"狗跑"过道的两头都增加了玻璃墙。得克萨斯夏天的恶劣天气与这一格言相呼应："找个阴凉的地方待着"。用门廊和悬挑来制造阴凉；朝向阴凉和有风的方向。在今天的得克萨斯，空调使得这点变得不再重要，除非一个人喜欢置身于自然状态，享受微风，感受天气的变化，在天气变得太热或太冷前——一年中有5个月可以如此。在大多数日子里，一个人至少可以在门廊里举行一次庆祝餐，即使是在天气很恶劣的地域。薄边的金属屋顶遮蔽了石墙和地板。有人会问："这是一座老房子吗？"无疑是对这一建筑特色的真实佐证。

荒野中的一片空旷地创造了一个空间。在森林中，空旷地可以是一片封闭的区域，一个有光线的地方。原始部落通过堆放一个由3块石头构成的灶炉或由5块石头构成的石墩来标记他们的活动中心。其他文明会放一个竿子作为地轴——他们的活动中心。玛雅人通过修建一组金字塔创造出一个神圣的空地，形成一个礼

欣赏前方的风景，视
线蜿蜒曲折。

仪区域。这一空旷地变成了中心区域。在我设计的每个建筑物中，我曾经以天井
或一个大的中心空间的形式制造了一个中央空地。

　　约瑟夫·坎贝尔，一位神话学的权威，曾经说神话"帮助我们体验活着的狂
喜"。一个人自己的神话是他最大的传奇，比目标、计划或拥有的财富都更重要。
在建筑物中融入这个神话可以帮助一个人理解生命的旅程。"旅程"和"时间"
可以通过穿越空间的线性序列而得到感知。空间的环形路径展示了无尽的循环。
线性的神话之旅则展示了开始、中间、结束或无限的延长。

　　在诺布山的经历中，旅程是一个始于一个人盘旋走到山顶的故事，山顶上有
一个小广场，两边用石墙围了起来。石墙中的入口是一扇厚重的木门，是进入私
人世界的入口，这个私人世界是有围墙的花园庭院，讲述着一个神话的开始。庭
院是旅程的开始——就像在刻有圣经人物形象的伊甸园里。在不同的神话体系
中，如在玛雅文明创造的神话中，由神殿和山岭形成的空间代表了原始之海和
地狱，那里是玛雅神明和祖先居住的地方。以该花园为载体的玛雅仪式空间是一
种历史性的进步，代表了第三种神话体系。在16世纪西班牙／中美洲地区的、在拐
角处有波萨小教堂的中庭（教堂庭院）仪式空间中，有一条绕花园中庭的神圣道

路，一棵连接地狱和天堂的生命之树，以及位于花园中庭的中心、由栎树和雪松所代表的成群信徒。

诺布山房屋的内部结构可以看做一个圣殿中堂，有十字排列的栎树，如同教堂的十字形翼部，通向绿色小教堂（主卧室）和红色小教堂（厨房）。每个十字形翼部的末端都有壁炉。中堂的祭坛可由餐桌充当；透过玻璃的风景是祭坛的装饰。这趟旅程无穷无尽。

向上仰望，视线由屋脊望向北极星，可以观察到黑夜中环绕房子的星群。

你可以通过使用"脉轮（chakras，梵文，在东方神话中指人体的七个能量中心，又称七轮）"这个概念来增强穿过一座建筑的体验。通过思考"脉轮"可以沿着建筑的线性进展对每个事件进行特别的关注。第一个脉轮使建筑物在世界的其他部分中生根。第二个脉轮代表了开始和入口。第三个脉轮代表了连接能量和

穿过花园中庭看到的从屋后到前门的风景。　作为交叉甬道的横轴，餐桌起到了一些调节作用。

知识的世界的"肚脐"，在这里以一张摆满书的圆形书桌为标志。第四个脉轮代表了心脏，在这里以坐落在锥体顶点下的开阔地的中心来表现。第五个脉轮代表了嘴和咽喉，在这里指餐桌。第六个脉轮代表了眼睛和其他感官，在这里以远处的风景为代表。第七个也是最后一个脉轮，被称作"超越精神的能量"，在这里指天空、白云、河流、天际、偶尔出现的彩虹等风景。我曾经使用脉轮的概念根据进程来连接事件，帮助我思考在每个位置该进行什么，从而增强建筑体验。

一个人必须要考虑"风水"，因为当你花费时间去理解它或与风水大师（顾问）合作的时候，它可能是另一种形式的提供者或修正者。我发现"风水"的概念很有帮助。可以看一下我列的阅读书目（见本书231~237页）。

当一个人的建筑体验被赋予价值的时候，建筑的历史性神话以及它与过去的联系最容易被理解。被记住的事物，诸如空旷地、边境小屋、广场、中庭、十字形翼部、回廊、不同的建筑类型、多元文化、英雄主义神话和自然风景等概念——所有这些都可以赋予一定意义并包含神话。为房子或建筑物融入家庭故事或社会史，那里有关于此地神话的回忆，通过物体、绘画、照片、最喜欢的事物、传家宝和空间表现出来。

伯纳德·贝伦森在《文化定义》中宣称：

四千多年来，建造生命之屋的努力一直是善良的人们的渴望，在生命之屋，人们能够获得最高的发展，他们的动物本性会让他们比以往任何时候都远离丛林和洞穴，并使他们越来越接近冠以天堂、极乐世界、天国、上帝之城、太平盛世之名的人类社会。

建造一座这样的"生命之屋"时，许多事物或地方具有像符号一样被普遍理解的象征意义：壁炉、床、炉子、桌子、读书的地方、聆听的地方、欣赏风景的地方、说话的地方、思考的地方、工作的地方、放松的地方、公共的地方、清洗的地方、更衣的地方、阁楼、地下室、太阳升起的地方、太阳落山的地方、午餐的地方、冬季的地方、夏季的地方、其他世界的地方、地狱的地方、现世的地方、天国的地方。所有这些都是需要被歌颂的地方、事物和时间。这些不只是形式要服从的功能，也是创造天堂神话的素材。

在诺布山的实践中，我尝试看能否讲述一个可以诉说人生旅程的故事。但是谁会读懂这些神话主题和进程呢？对我来说，它使我对房间的认识更加完整。我想我可能是唯一能读懂这些图解的人。但是当诗人贝蒂·苏·弗劳尔斯以及后来的玛雅人类学家琳达·席勒来访时，他们立即就明白了这些意义。

尽管我的实践还很新，但著名的建筑师和作家克里斯托弗·亚历山大来访时对它有了新的解读。我很好奇地想知道他会如何理解这座房子，他会说些什么，因为我采纳了他在《一种模式语言》中的建议。他在房屋间漫步，先穿过房门，然后穿过庭院，往下看，只能看见铺装路面。但是当他进入前门，他停下来说："接下来会是什么？"我告诉他，我试图通过沿途的空间进程和符号来讲述一个故事。他环视四周，理解了一些我试图想做的东西，并且很兴奋地问："你有没有写过一些关于它的东西？"我说没有，他又问："是因为没有时间还是没有勇气？"那晚剩下的时间里，我们讨论了建筑能够如何，或也许应该如何讲述故事。我们回想起那个曾经有过图解方案、也有过功能规划的重要建筑，我们认为这座房子同样也会如此。是他的质问促使我在这里探究了这些细节。

概括地说，我做这些实践的目的是找到可以增强场所感和目的性的设计方法，但是这还只是表象。在实现功能、体系、理论和个人偏好之外，我发现神话是赋予建筑体验内在价值的决定性的形式因素。

如果建筑中缺少神话内容，就错失了一个机会。当然，所有神话和意义可能在这个实践中被忽略，一个人可以用精炼的广告词简单地把这所房子描述为一个不动产："拥有迷人的三房三卫，在山上风光无限的石造房子"。

第十三章　做设计决策

通常情况下，设计一个东西要把它置于下一个更大的背景中来思考——房间里的椅子、屋子里的房间、环境中的屋子、城市规划中的环境。

——伊利尔·沙里宁（1873—1950），美国著名建筑师、建筑理论家

亲爱的约翰：

你在湖边胜地的项目听起来让人兴奋，似乎是湖边一个受欢迎的开发项目。作为一个开发者／修建者，你已经知道如何着手设计过程，所以我想提供一些实用的指导，因为我发现这些指导在制订与建筑相关的无数设计决策中都很有用。不论是教条还是个人的偏好或风格，它们都会给你一个开始的基点。我在这里描述的一些指导很宽泛并且概念化，其他的指导描述了修建过程中遇到的成百上千个设计细节。知道每条指导路线都有与其对应的问题很重要，因为例外通常被证明是最好的解决方式。

概念

1. "首先决定哪里不能修建"。

这一训谕来自我的一位导师，城市规划师萨姆·西斯曼；类似于"首先，不要造成破坏"，它是明智的地点规划的关键，因为如果你首先决定哪里不能修建，那些用于修建的地点自己就会展现出来。评价你的地点，不在该地点中最好的部分修建，表达对该部分的尊敬。相反，考虑在最坏的部分修建从而掩盖它。同样的原则适用于其他尺度的情况：比如在一间房子中决定哪里不放置家具，在一个花园中决定哪里不种植物——这些地方对人们来说都是最好的地方。

2. 营造一个场所。

场所是那些存于你的记忆中并成为你生活的一部分的空间。生活建立在场所之上。我们珍惜对场所的记忆并寻求发现新的场所。一个场所可以是一座城市、一片邻近之地、一个公园、一个湖、一条街道、一个花园、一栋房子、一个房间、一把椅子或书里的一段章节。所有这些形成了个人关于场所的认知层次，这些层次以事实或幻想的形式存在于你的记忆中。

3. 形成空间。

各个平面——地板、墙壁和建筑物的天花板——形成了建筑空间并且赋予建筑物以形状。更大尺度的空间在建筑物之间产生。空间不同于区域，区域是平面的、二维的。空间是我们生活在其中的三维实体。通向建筑物和环绕建筑物的空间创造了建筑物的存在。成群的建筑物形成了可以创造庭院、广场、校园、街道或未经设计的废墟空间。在建筑物内部，设计三维空间从而形成房间、衔接空间和衔接处，它们在动态中以空间序列的形式结合成一个整体。建筑的实质是空间艺术。建筑物在空间中成形，同其他空间相关联并在序列中组合起来。

4. 为感觉定位。

在定位建筑物的空间时，要考虑5种感觉中的每一种感觉。

（1）考虑你的眼睛所见：光线、感兴趣的近景和远景、与邻近建筑物的视觉联系、空间和景物。将注意力集中于一个远方的物体、一座山、一条河或一座塔楼，如果你足够幸运，也可以盯着一个城市或自然景观。

（2）为空间确定方位，这样你可以感受微风、太阳的温暖或树下的阴凉、附近河水的凉爽。如果可能，我会使建筑物最长或使用最多的一面朝向南方，因为那里的阳光最容易得到并且是最可控的，以低角度穿过建筑物的西面和东面的阳光让人感觉不舒服且很难控制。北面的阳光不够强烈，色调较冷而且发散，对有些条件来说是合适的。当你希望阳光能射进所有的房间时，要考虑在基本方位的对角线上定位建筑物，让主要的空间朝向东南。外部空间、花园、天井和建筑物之间的空间是整体空间中的一个完整部分，由建筑物形成的外部空间可能是最重要的空间。

（3）遮蔽并且保护不受诸如交通、邻区等噪声的干扰，寻找或创造由流水声等美妙的声音营造的愉悦——它能遮蔽其他不想要的声音。

（4）避免交通、工业废气和自然环境中的臭气（令人厌恶的声音和气味通常都很难控制，可能会使人极为不悦以至于要另择地点）。

（5）对于味觉，只要寻找最让人满意的、适合进餐的地方就可以了。

我喜欢用精确的基准方位定位空间，以帮助我判断太阳将会照到屋内什么地方，预知在春分、秋分、夏至、冬至哪个位置可以看到日出和日落，可以追寻星星的轨迹。

5. 为节能确定方位。

长宽比是2∶1，长的一面朝南，这样可以限制建筑物东面和西面令人不悦的太阳照射而又能拥有不错的面积周长比。南面阳光的照射更容易用悬挑来预测和控制。北面提供了散射光，并且没有直射光或热辐射进入建筑物内部。这一规则有一个例外，当地形或景观需要时，或当你需要在建筑上避免过多光照或与风景相协调时。绿色建筑和可持续性是建筑行业的术语，要求对建筑物及其运转有更广泛的关注，有效使用能源和水源是最关键的。对于较冷的气候区，将房子设计成正方形，朝向偏离基本方位45°，以考虑阳光和热量的角度，因为这样可以使所有的房间在一天中的某些时间都能接受阳光照射。在确定方位和可持续性中涉及的很多问题可以在本书后面的"阅读书目"中查到。

6. 在炎热的气候中，制造阴凉；在较冷的气候中，带来阳光。

这一点似乎不言而喻，但你要优先考虑这个问题。这将使你住得更加舒适并降低能源消耗。

7. 树木是非常宝贵的资源。

树木可以为建筑物提供阴凉并遮蔽不想要的风景，给人一种庇护所的感觉，并且提供了结构、色彩和体量，也是大自然的一大乐趣。夏季，一棵成熟的树木可以使它底部周围的空气凉爽8~10℃，围绕已有的树木设计和种植一些新的树木可以为建筑物创造一个特殊的处所。树木可以延伸或遮蔽建筑物，遮挡不想要的风景，创造与建筑物相关的室外风景。尽量避免砍伐树木，尽可能多地种植树木。在大多数情况下，看到一棵树要比看到一座建筑物更让人感觉舒适。

8. 组织平面图，为各个房间提供真实的自然光线。

朝南的方位通常是所有房间最好的方位。走廊或工作区发散的光线最好朝北。对于主要在早上使用的空间和下午多阴凉的阳台，东面比较合适；西面在炎热的气候中不受欢迎，但是在较冷的气候中比较适合。西面的方位在炎热的气候中最好用于没有窗户的房屋，比如储藏室和车库，或在较冷的气候中，用于主要在傍晚或晚上使用的房间。

9. 通过考虑内部空间的组织使建筑物成形，因为内部空间创造了外部空间。

从概念上来说，根据建筑物与周围环境、建筑、树木和地形的关系，确定建筑物的设计图，试图使空间内部和外部成形，这一规则正是由此开始。控制被组织的内部空间的形状来形成外部空间，使光线和空气能进入建筑物。三维开放空间的成形可以在城市设计尺寸和私宅设计尺寸上给出不同的形式。这些形式会成为建筑物和空间的结构形式——实体的空间和空无的空间。是的，空无同样也有结构形式。

10. 通过组织功能性空间使建筑物成形。

在二维平面设计图中组织功能性空间，根据你的空间目标反复调整优化。掌控这一工作是细化建筑物的功能性因素，所以从功能计划图表开始。我发现考虑简单的几何形式很有用，它能产生人们期望的空间和自然光。考虑这些抽象计划形式的可能性。

11. 平面图形式。

简单的矩形是最经济的形状，这一点可由森林中的原型木屋和原型商业办公

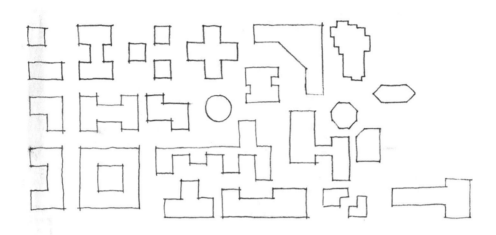

大部分直线平面图适合这些模型中的一个，或可使其旋转形成角度、交叉点和结合处。

楼的麦片盒形式来证明。它是位于地面上的一个物体或是一个与城市集合体相连的物体。它有限的容积可以形成外部空间、提供空间序列或提供适宜的方位。

12. 设计眼睛可以看到的东西。

心中想象在平面设计图里漫步，从而想象沿地点和建筑物散步，准确地形象化一个人在建筑物旁的小路上会看到什么。那是我们在建筑物中感觉空间、表面和街景的方式。全神贯注于你想要看到的景观设计，尽可能减少其他东西。有一种理论，希腊人用这样一种方式设计他们可视化的丰富的全景图：当你观看景色的时候，从你的视角，每增加15°，你都会看到一个物体或建筑物的拐角。从我在花园中最喜欢的角度观察，大约每间隔15°，可以依次看到一个加外框的镜子、一大丛竹子、围绕着的一丛花、一个花园门、一条长椅、一个喷泉，我对此非常满意。试一试，看看从你最喜欢的角度观察，它会带给你什么。

13. 用沟通建筑物意图的方式表现建筑物的特征和比例。

建筑物会不朽，私密且舒适，还是两者兼具？比例传达了不朽、宗教渴望、有声望的企业、高效的政府、重要的学校还是舒适、可靠的家园？每一种建筑都会有相对人体不同的比例关系，这些比例关系会通过空间大小和立面中的因素，如入口的高度显示出来。特征通过比例、形式、材料、象征图示的使用，以及通过设计学习才能掌握的微妙之处表现出来。你的眼睛和决定性才能将是你的向导。

14. 设计一个屋顶来制造庇护和阴凉：它形成了建筑物的形状。

有时候，首先设计一个屋顶，然后设计它下面的其他东西，便于确保平面的屋顶不是平的——至少需要2%的倾斜度，这样水会从多个路径流下屋顶而不破坏任何东西。屋顶可以很复杂，但要使它们简单，因为材料的每个变化或与其他屋顶、墙壁的交叉都可能引起裂缝。

15. 使你的建筑物看起来是重力与其共同起作用，而不是与其相反。

现代主义运动的一个显著例外是使用这个时代可用的结构策略，用特别的风度来否定重力，而且可以产生建筑物是漂浮或悬浮在虚空中的错觉。对于这点，要保持谨慎，重力是美学、工程上的"伟大的问题解决者"。我发现，看到重力静静地起作用与看到一个悬臂（证明可以克服很大的重力离开地面）的现代化表现方式一样舒适，甚至更加舒适。

16. 表达结构。

材料要物尽其用。结构之间有四种力：压力、张力和它们在弯曲、扭转时的组合力。石块和砖块在墙壁、拱券和屋顶中起到压力的作用，在这些地方石块和砖块因为重力而结合在一起，支撑它上面的负荷；石块作为承重的水平横楣填补小的开口。木材和钢铁可以产生所有的力，通常作为框架或构架中的线性因素。在悬索结构中，钢铁可以起到很好的张力作用。钢筋混凝土可以做大部分事情，包括柱状物、横梁、板层、钢架和很多结构形状。金属和碳纤维塑料可以承担飞机和汽车中使用的承力表层结构中的所有力，这种结构最近也用在建筑结构形式中，因为现在大部分建筑物是混凝土的或覆盖有一个薄腹腔结构的钢架，表明结构可能并不必要，但是我们的眼睛仍然希望看到是什么在支撑着建筑物。在新的块状物和不稳定建筑物中，我们可以看到一些例外，它们的合理性在于能激起人的幻想。

17. 巧妙使用结构系统。

这一点可以创造独一无二的空间和复杂的结构形式。另外，它可以表现高科技短暂的轻盈性或朴实坚固的永恒性。极端的事物非常富有戏剧性：卡拉特拉瓦大桥与罗马式教堂和石头堡垒相对。在我设计喷气机结构的一年时间中，我们努力探索使结构尽可能轻的方式，从而能使用较少的燃料，承担更多的负重，需要更少的空气浮力，飞得更快，被称为"重量和措施"的团队会来到每个设计者的桌前，问："在你的组装中有多少重力？"——正像巴克敏斯特·富勒问博物馆馆长"你们的博物馆有多重"那样，轻盈是我们这一时代所迷恋的——离开地球，漂浮起来，飞翔。另外，重力也有它的益处：持久、稳定、密集、与地球具有同一性。那是墨西哥诱惑我的东西，在那里，永恒的技术依赖于有简单拱门和圆屋顶的重墙——所有都压缩在一起。你可以设计得或轻或重，或者并置它们的差异。当然，两种体系很难在木结构、薄岩石、薄板和现在通常使用的合成材料中效仿。

18. 墙承担了大部分的工作。

用墙来形成空间、勾画轮廓、提供安全感和庇护所、围合建筑物、遮蔽、分隔空间、营造私密空间，就像坐在低矮的长椅上；给它们以色彩、纹理、厚度和比例；使它们足够高，不要只能容纳一片区域，而应该从视觉上能包容一个三维空间。

19. 地基最重要。

地基是看不到的，一个人可能不想在看不到的东西上花费资金，但是对地基的投资对于结构的完整性很重要。有资质的实验室和地基专家做的钻孔试验可以向客户和设计者保证，对建筑物的投资会使建筑物在结构上很安全。因为我们不能看到建筑地点的底层，那么一些试验孔就非常必要。在俄勒冈州一个靠近水沟的地点上，曾有一个单一的试验孔表明5英尺内是很好的岩床，所以我们在靠近水沟的区域安排了另外一系列的钻孔试验的计划，但是因为我们要在学校开学前完成五层楼的大学宿舍，工期很紧，所以当拿到土壤报告时，我们就进行了设计。接下来就有了坏消息。试验表明岩床向水沟跌落了超过90英尺的深度。我们杰出的工程师重新设计了地基，使一半的建筑物处于岩床的支柱上，另一半处于通过淤泥中的摩擦力来支撑建筑物的桩结构上，通过测量每一部分的重量使两边平衡，这样每一边的重量会沿伸缩接头以同样的速度衰减。在接口处，地面仍然是平的。

20. 选择材料时，首先考虑本地产的自然材料。

比较这些材料与新加工过的合成材料或其他地区的材料。一方面，本地的自然材料可能会更持久、便宜并且需要更少的能源来加工和运输。另一方面，使用最新的技术去寻找最好的可用的特殊材料；对新材料要采取谨慎的态度，自从我有过使用一种新材料失败而引起一场官司的教训后，我就开始进行这种对比。

21. 水往低处流。

水要么流入你的建筑物，要么流出；业主不能忍受水从地面或屋顶流向建筑物内部，当然也不应该这样。每个外表面，不管有多小，都应该与建筑物有2%的倾斜度，或在平滑的石头表面有1%的倾斜度，包括顶部、壁架和窗沿等细小的地方。

组合和比例：我们眼睛感觉舒适的简单古老的规则

1. 用3个而不是2个或4个来组合物体。

两个物体可以呈现一种二分法，使可能中意或不中意的信息元素对立。

2. 柱子最好成对而不是3个。

用偶数个的柱子产生奇数个空间。你看到过古希腊神殿有3个柱子吗？中间不能出现一个柱子。一个生动的例外是哥特式建筑的入口或有着成对的拱形的摩尔式的窗户。

3. 避免将物体放在空间的中间。

这限制了运动，可以制造静态的而不是动态的空间。记住，不被物体占用的空间是人们可以活动的空间。

4. 用"第3个点"或"中心"来构成一条线或一个面的任意分割。

这是用眼睛快速判断的一个好地方。它可能无趣但有效；对于比例，你必须用眼睛决定并且调整哪里看起来像是恰到好处的位置。

5. 对称带来秩序。

对称可以强烈、武断，甚至不朽，它看起来是组合的一种简单易行的方式。它展示了你在人体中看到的熟悉并且合意的平衡类型。但是对称的限制也可以在视觉和效用中被感受，如果不能有效使用的话，它会使组合静止且无趣。对称是有用的组合工具，可以是动态的或平衡的，把重点放在设计的特殊元素上。你的眼睛必须做出平衡。

6. 一旦对称进入了组合，就要让它继续下去。

在看起来平衡但不对等的地方，继续使之对称或进入动态对称。

7. 已知的最好的比例是黄金分割矩形，宽长比是1∶1.618。

这一历史上让人满意的比例接近一个35毫米的滑面或一个3×5的卡片。运用这一比例，用矩形的宽度乘以1.618得到长度或高度的尺寸。例如，在很多文化类型中，都会发现宽1米、长1.618米的窗户。在窗户、门、屋子的尺寸、建筑物立面等任意事物中运用这一比例——它可能难以操作，但它是一个很好的起始点（注意，这是第一次提到数学，这不会比你在杂货店要用到的数学知识多）。

8. 另一个有用的比例是2的平方根，1∶1.414。

在原始文化中，这一历史悠久的比例被简单地构造，通过用一条绳子测量正方形的对角线并且旋转那一长度使其成为所产生的矩形的一边。在平面图和剖面图中运用这一比例。

9. 最简单的比例是正方形。

最有力的一个例子——正方形的屋子、正方形的墙壁和窗户被用来使某些事物更特殊。正方体非常坚固。再说一遍，在正面使用对称的方法时，你的眼睛会坚持让你把它作为设计规则继续运用。

10. 双矩形和双正方体是很有用的比例，也是很好的空间组织形式。正方形或正方体比它们更具压倒性的力量。

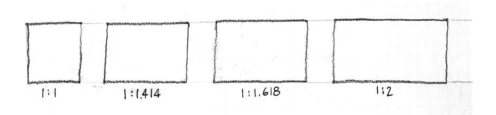

1∶1　　1∶1.414　　1∶1.618　　1∶2

最常用的比例：正方形、2的平方根、黄金分割矩形、双矩形。

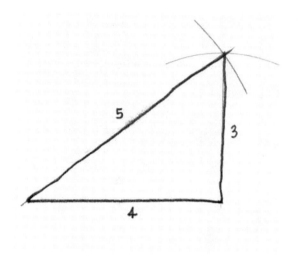

用绳索勾出的3-4-5的三角形从远古时期就用来产生90°角。这种绳索同样也用来产生垂直线或者铅垂线，重力作用在绳索的末端。

11. 使用圆作为一种组织手段。

圆具有以最小的周长包容最大的面积的魔力。当运用在建筑物的墙上时，它具有许多复杂的象征和几何意义，必须谨慎地运用它，因为它是最为苛刻的形式之一。作为无形的组合工具，它很有用。

12. 边长为3-4-5的三角形可用来构造合适的角度。

它是古代几何学的有用工具。该方法是著名的巴塞罗那建筑师安东尼奥·高迪说"有两个标尺和一条绳子就可以建造所有的建筑物"时提出的。

13. 颜色可以创造或破坏一个设计。

看到颜色如何影响一座建筑物或一间房屋的外观、尺寸和外部环境，一个专家如何在可见光谱中处理无数的颜色时，我感到很吃惊。一种颜色的色调可以通过混合几种颜色变化，也可以通过增加白色或黑色使其变亮或变暗。颜色通过三个变量被感知：墙壁上真实的颜色，使颜色鲜亮的光线的颜色，以及每个人眼睛的特殊灵敏性感受到的特征。可以看一下本书最后列出的阅读书目。

关于改进一堵墙或立面设计的有用指导

1. 确定一个立面"恰到好处"之前，对于立面的研究需要很多试验。

重温一下在"设计过程"一章中的步骤。这些步骤有很多好处，可以提醒你仅有一点知识是很危险的事情——会受到批评。

2．决定部分墙壁的几何组成。

这由它们如何互相关联以及如何与整体关联来决定，就像乔纳森·A. 黑尔在《视觉的古老方式》（波士顿：霍顿·米夫林公司，1994）中所描述的。

3．使日光如何照在建筑物表面趋向形象化。

光和影可以创造同表面的固有要素一样坚固的模式，可以使表面具有多样变化的模式。

4．在墙的设计中，一定要画下你将看到的每件事物，并且将它们组合为一个整体。

注意那些你不想看到的东西，比如电器开关、变压器、垃圾箱、电线及仪表、排水孔和通风孔。

5．车库门会破坏任何一个街道的立面。

没有地方可以隐藏它。为汽车找寻另一个地方。

6．玻璃要非常透明。

当一个人在日光下从外面观察建筑物的立面时，玻璃通常会映出周围的环境、反射眩光或产生像是黑洞的情形。只有当照射在观察者对面一侧的光线比较明亮时，玻璃才会透明，比如在晴朗的日子里，一个人站在屋内向外张望或在夜晚透过玻璃望向有灯光的内部空间。

7．设计窗户。

窗户是设计中的主要因素：建筑物与固体雕塑的不同就在于此。在一个玻璃体写字楼或有玻璃表面的复杂雕刻几何构型中，我们可以在局部透明和局部不透明的玻璃墙后隐藏窗户。但是对于大部分来说，作为设计的主要因素，我们必须处理窗户的组合和细节。窗户的大小和形状显示出它的后面会发生什么，垂直的窗户使人想到人们站立在房间中，水平的窗户使人想到人们正躺着或在运动中；一扇大的中央窗户会使人想到建筑物的主要空间或功用。

8．柱子和装饰线条的运用有特别的先例。

如果你准备花费时间真正研究它们或对它们的创造给予特别的关注，柱子和装饰线条会引导你。如果你没有把握正确地运用装饰线条或其他任意时期的装饰风格，那就一点也不要擅自运用，毕竟有数千个卓越的历史范例可以用来

运用传统形式和细节的设计者需要利用合适的资源，正像贾科莫·巴罗奇·达·维尼奥拉作品中的这一例子。

模仿。

9. 你应该希望设计环绕着经典的或有传统细节的立面，在合适的书本中找到优秀的一手材料。

随便观察一个例子并且试着接近它，会更有效。从合适的资料中借鉴，在你的设计中模仿它，或让人精确地复制它而仅做很小的修改。细心地建造它。在郊区，总是充满了不幸的、欠考虑的、不准确的模仿借鉴，比如在品位欠佳的豪宅中，同凯旋门一样高的前门显示了它的无知。

10. 入口为建筑物的特色作了说明——对这一特别的建筑物的介绍——正是空间序列的开始之处。

入口在立面上可以占主导，也可以处于次要的地位甚至被隐藏，但是通常你想使它的位置明显。虽然听起来很简单，但是在很多学生的工程中——通常都是非常漂亮的精密复杂的设计——我必须要问："前门在哪里？"

空间和光线（建筑师的原材料）

1. 超过10英尺的天花板高度是最好的，标准房间中超过11英尺会更好。

为了更加宽敞——或为了音乐响起时的听觉效果——天花板至少要高14~18英尺，根据截面图的设计而决定（战后联邦公路管理局对天花板高度作出了最低

8英尺的要求，建筑者的房屋要标准化，这一要求立即成为人造墙板的尺寸，也成为大部分美国房屋的天花板高度）。决定高度的另一个方式是将它设置为房屋最小尺寸的3/4。天花板高度不必与房间尺寸成比例，它要与其对空间感觉的影响成比例。考虑沿着空间序列而变化的天花板高度。

2. 天花板的形状和房间容积决定了空间和我们感觉它的方式。

例如，桶形穹隆、圆屋顶、奇异的曲线、构架、斜椽以及横梁形成了空间。把天花板作为空间的一个关键因素。伟大的房间都有与众不同的天花板。那些欣赏建筑物的人总是会仰头看天花板。

3. 创造动线或开始和结束的轴线。

使轴线穿过沿路的墙层的开口，一条长轴线或纵射位可以增加空间的视觉尺寸。设计一条穿越你的建筑物的游线，就好像你在观看一部由手持摄影机移动拍摄的电影。

4. 确定空间的一面墙作为参照面，然后组织空间和与之相关的物体。

参照面可以帮助组合空间。它可以限制范围或显示趋向。

5. 当你着手安置房间时，要知道，看起来宽敞的空间是很有用的。

我的原则是一个房间需要至少宽13英尺，但16英尺要更好一些，主要的房间需要至少宽21英尺（许多英国乡村房子和法国城堡宽约21英尺是很让人惊讶的。一个大方的室外阳台或走廊需要至少宽15英尺。主要的走廊最好至少宽7英尺——家具可以与之相适应，这样它们会看起来不只是过道）。

6. 隐藏光源。

你应当永远都不要看到一个电灯泡。仅仅照亮绘画或物体就足以照亮没有任何附加物的整个屋子，除了有特定任务的照明以外。还需要一些补充来增加一个

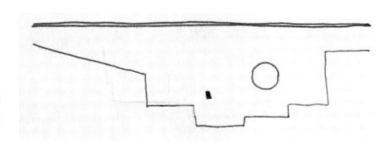

一个参照面、一堵墙有助于对象与主体的融合。

全面的附带灯光，以丰富情绪或空间布置。炫目的光线是敌人。

7. 自然光使空间充满活力。

用两侧的光源，如果可以的话，用三侧的光源平衡屋内的光线，四侧的光源则更好。一个同事曾经描述他的一间房屋内的理想灯光，就像晴朗的天气中你坐在一棵伸展的大树下所看到的一样，周围环绕着阳光，有斑驳的阳光从树叶间洒落。考虑运用天窗，以获得沿墙壁照射的日光的效果，或运用中部空间的天窗，比如眼形窗，从而获得位于中心的阳光。这一类型的自然光通常会将建筑的作用与普通建筑物区分开。

8. 如果缺乏自然光，"三灯原则"可以为一般的房间或办公室提供很好的平衡光。

应该沿房屋的周边以三角关系来安装灯具。通常这为照亮房间和照亮起居室大小的房屋的阅读行为提供了足够的光照。

9. 保证光照同低亮度比例的平衡（最亮的区域与最暗的区域的比例）。

这样对于眼睛会更舒适。房屋一侧较亮的窗户需要同对面窗户或其上方的窗户保持平衡。使阳光照在邻近面上的窗户，如置于天花板上或墙上的厚窗户，光线沿边缘传播并且发散它们的光亮，降低了亮度对比。单窗帘和百叶窗可以调节光照。因为灯和天花板设备同样会很亮，重要的空间应该使光线照在调光器上。如果需要，提高亮度对比，如聚光灯会给人戏剧化的效果。

10. 使用镜子来扩展空间。

位于整扇门、窗或一整面墙上的镜子可以给人满意的效果。结构中的镜子看起来有些像墙中的洞，对于扩展空间可能会起到满意的效果，但是与包含空间是相对的。镜子如此放置，人不能看到他自己却能从一个角度看到其他景色，这是花园设计中一个有趣的诀窍。

11. 在某些空间中，声音可以同光照一样重要。

一个人在房间中听到的声音能标示出房间的大小。声学可以创造也可以毁坏一座建筑物。如果反射时间很短的话，一场美妙的音乐会的声音可能没有生气，而反射时间太长的话又会太混乱。太大、不能被隔离且令人难以忍受的噪声必须使之安静，或者应该重新布置房间：演奏音乐的房间本身就是将音乐带给听众的音乐道具。为可容纳2000人的达拉斯服装市场大厅进行的声音设计是一个声学的挑战。我们为音乐会保证高质量的音乐并寻求优秀的音响效果，即使它并不是规划中所要求的。墙体的形式因生动的声学加强效果而成形。一位著名的声学家受雇给我们提建议，但是我们感觉他的建议对于音乐反射时间太短。声学顾问建议从高60英尺的天花板上悬挂巨大的喇叭音箱来减轻演奏者所受他们自己演奏的回声的干扰。为了验证我们的设计与此建议相反，我们将一个喇叭音箱悬挂在空场地之上高60英尺的起重机上。我的同伴和我唱了一段歌曲，然后发现感觉不到回声。因为大厅的声学效果，它对于音乐会是一个很好的地点：达拉斯交响乐团曾在这里演奏过夏季系列音乐。

细节

上帝存在于细节之中。

——密斯·凡·德·罗

1.　使用天然的本地材料。

这会给人以真实性、兼容性及归属感，并且可能会节省资金和能源，因为运输材料的费用往往很高。

2.　使用的建筑材料的种类数量有重要影响。

仅使用几种建筑材料来达到坚固性和正式性（一座哥特式教堂使用3种材料：石头、玻璃和铅）。使用多种材料可使建筑物看起来舒展（古根海姆博物馆用了很多种材料）。

3.　刚好在同一平面交汇的两种材料会制造一个混乱的交点。

在同一面墙上换用材料时，要考虑0.5~3英尺的暴露或中断——无论采用何种方式处理都要看起来合适。装饰线条也可以用在两种材料的接合点处调和交叉点。这一规则的特例非常美丽，尤其在意大利大理石中。

4.　创造墙体厚度。

这点涉及到真正的厚度和错觉。它使建筑物内外看起来更坚固并且能起到很好的绝缘作用。墙体厚度可以由书架以及靠近主门和窗户的壁橱的摆放来创造。窗户的进深通过反射一侧墙上的阳光来调节进入光线的亮度，当前对于超薄墙体的偏爱在工艺较好的作品中也很有魅力。

5. 窗户和门的进深可为一些用途服务。

它们提供了质感和有更多庇护的层次感，并能帮助阻挡大雨。

6. 门坚固结实会更好一些。

3.25英寸厚的实心内门是最好的，它会增加意想不到的坚固感，但很多较薄和中空的传统房门更受青睐。通过加宽门口以考虑轮椅通过的可能性——这是公共建筑所要求的，对于普通住宅也很有好处。

7. 使用安装在厚墙开口处的双开门，开门时不碍事。

当需要一扇门但大的摇扇门不好用时，使用双开门。

8. 窗沿的高度影响了内部空间的感觉和视觉体验。

有几种选择：在一张桌子或办公桌的高度，地面之上大约30英寸，或者在地面延伸至室外的地方。为了有一种室外的感觉和更多的安全感，窗台可设计为高16英寸。

9. 设计窗户时要考虑对窗户的处理。

控制光照和个人隐私的窗帘、百叶窗或遮光物的需要和可能性要精确化——这对于一间房屋的成功很重要。窗户施工不发生变动情况会比较好。

10. 楼梯必须要大方，除非它们仅仅是辅助物或消防梯。

大方的楼梯有一个缓斜坡，长的梯级和短的踏步竖板，使得跨步上去很体面，也很轻松安全。最小尺度是9英寸的级宽和7.5英寸的级高；经常使用的比例是10.5英寸的级宽和7.25英寸的级高。大楼梯会使用长一点的级宽和短一点的级高，比如10英寸和6英寸。外部楼梯更要大方一些：14英寸的级宽和5英寸的级高是最大值，最好是级高4英寸。在一家雅致的宾馆中，当我走过两个楼层而完全没有注意到它时——楼梯有一个缓和、优美的比例：级宽13.5英寸和级高5英寸，我很惊讶。当你在楼梯上感觉舒服或不舒服的时候，检查级宽和级高的比例并且做些记录。

11. 模型是设计的关键因素。

今天大部分设计者都没有接受制造模型的训练，通常使用模型时不太顺手，但是模型可以在墙和天花板之间以及在某些门和窗户周围提供重要的过渡。我记得在罗马的卡比多里奥广场第一次看到米开朗基罗的模型，我惊讶于它们怎么会那么美妙协调地捕捉到光线，并且当我用手去触摸时，我有一种感觉：这是天才的作品。模型是雕塑，所以应该这样来思考它们，而不是把它们看做修修剪剪。

12.　在有门把手的墙壁上安装灯的开关，距离地面36~39英寸。

为什么？因为这里是手不用费力就可以触摸到的位置，并且它在我们的视线区域之外，所以墙上的开关不会分散人们对于它旁边绘画作品的注意。同时，同门把手排列在一起的开关面板看起来比较整洁（开关安放在高的位置仅仅是为了便于电工安装）。

13.　在设计墙体前，计划家具的安放。

在设计墙体前，通过安放主要的功能性系列家具来确定你想在哪里以及怎样安放它们，你甚至可以在建筑地点外进行模拟。确定你在一天中的不同时间身处何处，你想看到什么，你想在哪里吃饭，想在哪里读书、玩游戏、看电视等。有一个例子：当我设计湖边的房子时，客户向我展示了他们在不曾建造建筑物的地点上经常进行野餐的地方，并且告诉我他们会花费很多时间在早餐桌上，所以我在特殊的野餐地点上设计了一间餐室，这间餐室成了他们整座房子里最重要的房间。另一个例子：在我曾经参观过的一座房子里，没有一间舒适的、有良好照明的地方用来阅读、看电视或在电脑前工作。如果接待一百人，它非常出色；但是对于一两个人的活动来说，它就有所欠缺。如果在规划房间时不去考虑安置家具，那么当房间建造完之后人们会倍感失望和惊讶。

居住的房间

1.　入口是内外空间、公共与私人空间、坏天气和庇护所之间的过渡；它向到访者介绍建筑物，存放外套和包裹，是一个问候寒暄的地方。

入口在外面的部分需要遮挡雨水，是就座和等待的地方，是歇脚的地方。它的大小必须能容纳几个人同时站在门口。里面的部分需要就座和等待的空间，或存放外套和包裹的空间，是用于邮件和信息、艺术和鲜花的空间。空间可以是私密的或雄伟的，同天花板高度、声音和邻接房间的光照形成对比。在墨西哥，这种位于街道和院子之间的空间被称作门廊。

2. 厨房是很多房间的中心。

厨房不仅是我们做饭、吃饭、读报纸，有时看电视的地方，也是孩子们聚集玩耍及客人非正式聚集的地方。它经常是实际的活动空间。它可以被设计成一间大房子，有睡床和扶手椅子以及壁炉，也可以是一间小的实用单元，与生活或聚会空间离散地相关。把类似冰箱的器具放置在墙角以隐藏，用特殊的门来掩饰它们。对于厨房来说，一个U形的设计是最有效的布局，因为它可以将水槽、洗碗机、炉子、冰箱作为整体紧密地放置在一起，我喜欢使用三步规则，在三步之内拿到你需要的任何东西，我最喜欢的设计是允许一个人固定一只脚，不需要挪动脚步就可以到达水槽、洗碗机和冰箱，并且仍然有一个很大的空间。

3. "起居室展示给每位到访者一种风格、一个不朽的信念；信条与他自己的信条进行比较，并且决定他是否想看到我们更多"。（奥登，"普通生活"，诗歌，摘自《关于房子》，第107页）

大多数建筑物都有一间被称为起居室的房间，不管它是一间接待室、会议室、售楼处，还是人们聚集的其他空间。住宅的起居室有一段很长的历史，并且有时被称作客厅，有时被称作休息室，最近被称为家庭活动室。生活方式带来很多选择，但是对于我来说，最重要的事情是有一间大房子，用来聚集一个完整的大家庭、朋友、正式的或非正式的团体。起居室需要合适的尺寸，在不同的侧面都有光照，有众多座位，有风景或至少一个焦点，有一些书，对话、吃饭、会议的空间以及一个人会在群体中所做的所有其他事情。其他的房间可以设计得较小一些，这样这个主要的房间就会大一些。这个空间的预算在每个建筑物或套房中都很有用，因为它为一个家、一笔生意或一个机构营造了一种空间感。在更大的尺度上，城市活动空间是城市中人们聚集的特殊空间，如一个意大利广场、一个墨西哥广场或一个乡村广场。

4. 卧室可以是一对夫妻或个人的私人港湾。

卧室有一个比较宽泛的表达范围，从寺院的单人房间到有睡椅、壁炉、书，可能有电视、写字台和一张或两张阅读椅，还有一张床的小起居室。使浴室、厕所、更衣室连在一起，它们是通过一扇单门与卧室相分离的一个单元。风水学建议我们在卧室里不要放置电视机。自然光照到不同寻常的空间会给房间增加一些神秘感。

5．当浴室看起来不像浴室的时候，是最好的。

更衣室、浴室、厕所的组合是房子具有社会功能的部分。当为出行或为一件事情——沟通的重要机会，准备更衣时，夫妻两人可能会一块到这个地方。不妨增加一把椅子。在浴室设置一个窗户。厕所设置为一个3~4.5英尺的单独房间，要有一些自然光或风景，还可以添加一些书。

6．在房间中使用凹室，为房间带来一个私人空间。

这对于住宅的每一个房间都很重要，但是我发现凹室对于为大型公共空间的许多部分提供个人空间也很重要。一个客户曾经说："我想要这个房间能容纳两千人同时进餐，但是对一个人也是舒适的。"这个房间大概是一个足球场的面积并且有高60英尺的天花板，但是一些凹室使其对一两个人来说使用也很舒适。

7．壁炉已经变成一个标志，而不仅是热量的来源。

在有中央供暖的建筑物里，壁炉会使热量散出建筑物，对于能源的利用有负面效果，但是我们的文化和记忆使象征性的壁炉成为一个场所、一个交流中心、一个可见的视觉焦点和给人安全感的东西，传递着这里是力量、安全和家庭生活源地的信息。壁炉有效的加热最好是通过使用带有高效节气闸控制的Count Rumford燃烧缸来实现。

8．装有一家公司或一个家庭的照片的墙壁，有助于在一座建筑物中创造一个有意义的地方。

它讲述着一个故事，为建筑物的使用提供了深度和内容。

9．室外房间是一年中某些时候房子使用最多的地方，可以是走廊、凉亭、门廊、阳台、天井或可以自由欣赏天空的空间，对于会话、进餐、游戏和聚会，甚至在壁炉架上烤东西都有用。

它应该不低于10英尺深，15英尺比较好，最好是21英尺，看上去像是屋子里的一个主要房间。

这一类型的书目是无止境的，如果它们对你有所帮助，不妨可以看一下来自两位不同的建筑师的著作，它们提供了可以激发和指导你的优秀且富有深刻见解的设计路径。

克里斯托弗·亚历山大，在他被广泛称誉的著作《一种模式语言》（牛津：牛津大学出版社，1977）中，整理了很多在建造建筑物、邻近地区和城市中的简单、传统、适当的设计问题，他提供了很多对典型设计问题的全面理解，每个理解都是解决你的特定设计问题的好的起点。亚历山大具有里程碑意义的著作并没有得到现代主义者真心的认可，事实上，我曾听康奈尔大学教授说："不管你做什么，要让学生远离亚历山大的著作。"一派胡言，我认为它是一个很好的起点。

查尔斯·摩尔和唐林·林登在他们非比寻常的著作《透视空间奥秘》（剑桥：麻省理工学院出版社，1994）中整理了一系列关于空间组合的观察。他们的主题陈述得非常好，所以在讲课时，我给每一个学设计的学生一份关于该著作内容大纲的复印件，让他们钉在他们的绘图板上。我想要他们在困惑或想知道下一步该做什么时读一读它，我用书中的观点帮助我丰富设计，就像是一类能帮助我走得更远的清单，能使事情"恰到好处"，花费几分钟考虑一下每一章中的观点并且想象一下画面，如下：

延伸的轴线 / 蜿蜒的小路

定界的果园 / 调和的柱子

分割的平台 / 连接的斜坡 / 攀爬和休憩的楼梯

控制性的边界 / 分层的墙壁 / 提供选择和变化的凹地

衬托的开口 / 指示的入口

环绕的屋顶 / 位于中心的华盖

支配的标杆 / 居住的邻居

闪烁的光线 / 游荡的影子 / 间歇的阴凉

勾画轮廓的房间 / 暴露于光线中的空间

重现的类型 / 不断变化的次序

勾起回忆的形状 / 传达、转换和以代码表达的装饰

教化的花园 / 汇聚成池而相连的水

激励的形象

正如作者所说："透视意在帮助聚集关于空间的想法……在设计者的意识中孕育火花……起始点，想象的辅助物。"我建议你找到这本书，读一读，复印一份目录页，把它钉在可以帮助你进行设计的地方。

记住，这些指导的例外可能是最好的，所以你要让思维保持开放，从而找到更好的想法。当你发现了更多的指导时，把它们加入你的个人书目中。希望这个书目很长并且有用。但是我们仅仅是开始——在概念和细节上设计，来源于一系列丰富的关于风格、品位与设计理论的想法。

第十四章　风格、品位与设计理论

如果你愚蠢地忽视美丽，很快你就会发现你不再美丽，你的生活会贫乏枯竭。但是，如果你很聪明地投资于美丽，它就会伴你生命的每一天。

——弗兰克·劳埃德·赖特（1867—1959），美国著名建筑师、艺术家和思想家

亲爱的奥利弗：

对于设计风格和品位的影响，你感到很惊讶。作为大型建筑项目的工程师，你没有考虑过它，但是你说现在你正考虑在住宅区的邻近区域修建一座小的办公楼，并且需要仔细看看设计。

设计不可避免地会带来偏好的惯性问题。人们的偏好——有些人会称之为我们的偏见——对设计和建造建筑物时的决策有很大的影响。

即使是很亲近的朋友，在对什么具有吸引力的话题上也会有迥然不同的观点，不是吗？例如，几年前，在环绕着百合花、叶子花，飘溢着花香，摆放着美酒佳肴的墨西哥花园里，我们在一棵大柳树下的斑驳阳光中共进午餐，朋友和我

坐在一张紧邻一座阴暗的小房子的餐桌旁，这座小房子很快就会被我设计的房子所取代。我的朋友，拉塔内·坦普尔，也是我中年时期的导师，享受着美丽多彩的景色，以他特有的坦率对我说："若不是因为你的空虚，你在这里会非常快乐。"

这是真的。拉塔内是位诗人和画家。根据他的观点，这地方非常迷人——甚至非常美丽——尽管是小村庄的小屋，甚至这正是他认为美丽的原因所在。

但是从我个人的观点来看，小屋很丑陋，完全是没有设计的产物，它一点都不符合我的审美偏好，所以对我来说，它破坏了整个风景。如果说这是我的虚荣，我只能说就这样吧。

我们都会在意我们周围可见的事物。当我们计划一些新事情的时候，我们会考虑一些问题，比如，它看起来会怎么样？我想要它看起来怎么样？即使你没有意识到它，你所设计或选择的都会展示你的个人风格、你的品位、你自己对于具有启迪意义的设计理论的想法以及一些关于你自己的时间和地点事项，再加上你对结果的终极美丽的标准，尽管有时会很模糊。并且，如果你很专注，你会毫无疑问地洞悉到这些无所不在的、在每座建筑物中或你视之为对象的东西中所深含的特性。许多著作都曾经写到这些特性，我的一些同事正是这些优秀著作的作者。我希望他们能原谅我，因为我提供给你们的有一些是我自己关于这些特性的可能是异端的想法。

当你认真做完你的设计工程时，不管过程中有没有建筑师参与，你都会学到一些关于风格、品位、设计理论以及美的概念。让我们从美开始讨论。对于美，你是怎样理解的？你的建筑师又是怎样理解它的？

你可能会很惊讶，美是我在建筑系中极少听到的一个词。这一点都不疯狂，真的，它的确很少会被提及。即使我们每天都会用美的概念来描述人、自然、音乐和物体——并且即使我们生活在一种事实上萦绕着美的文化中——在建筑学领域中它很少被人讨论，即使是在今天。为什么？我认为一个原因是现代主义沉重的理智化和说教淹没了那些在我看来可以创造美的价值。在现代主义早期，美被功能性和不包含它的修辞所取代了。

美刺激了审美的愉悦感受，激起了人们的情感，是一种能带给人喜悦或提升想法和精神等相关事物的品质的集合。它适用于生活中的所有方面，但是不知为何，在20世纪建筑的美丽新世界中，美失去了它的适用性。一些评论家甚至轻蔑地使用它，把它作为一个肮脏的词汇，一个意味着受肤浅价值困扰的词汇。但是，即使功能决定形式，建筑物的一个功能——事实上，一个很关键的功能，就是为人类的精神提供美感，这一点毋庸置疑。

美可以受到压制或不能被说出口吗？一个人比另一个人更美丽吗？我们都听说过，美存在于观察者的眼中，谁可以否认这点呢？但是有一个中肯的问题：眼睛要经过多好的训练呢？当然没有绝对的事情。但是我相信会找到这种依据，可以用来说明教育和非常专注的观察能使人的眼睛对事物的组成部分变得敏锐。组合要素，如对称、比例、匀称和一致，更不用说选择的材料和颜色，会强烈地影响人们对事物的满意感。所以我们越能更好地理解它们，我们就越能更好地控制它们，调节它们以达到对于有辨别力的眼睛"恰到好处"的要求。我们对它们的理解一部分来自良好的理论（如模糊的解释），一部分是通过非常专注的观察。通过学习书本中讲述的建筑历史、博物馆和旅途所见来训练眼睛。围绕在我们周围的东西——每一件——都在有助于产生令人满意的组合方面给予我们积极的或消极的教导。通常最好的教导来自自然本身。

"好的眼睛"，对有些人来说是天生的，但其他人的确可以通过训练来获得，很多人和我一样，成长过程中很少接触美的事物（除了人类和自然之外），他们的眼睛和思想已经提升到可以鉴赏美，做一个更加敏锐的观察者已经成为他们的一大追求。

我们的见识和个人的偏好影响着我们的每个决定。我大学的一位室友，一个非常有才气的人，曾经说："我们的生活建立在一系列细致打磨的偏见之上。"他的意思是，我们学会欣赏一些事物而轻视另一些事物；我们变得开放或保守、怀旧或超前、技术精湛或蹩脚、开福特汽车或本田汽车。其中一些偏见广为人知，被谨慎地置于某种观点之下；其他的偏见只是一些简单的个人偏好，与其说与深思熟虑有关，倒不如说与了解或无知有关。正如我们想要说的，它们是有关品位的问题。

说到品位，这也是一个值得讨论的概念，尽管这种讨论在建筑系或办公室中更少听到。在商业、写作、绘画，以及任何一项创造性的工作中，一个人的品位决定了无数或大或小的决定。可能你会发现，如果你对一位建筑师说："这些、那些建筑物品位都极差。"他（她）可能会回答："根本就没有品位之类的东西。"你会如何回答呢？我会问："你喜欢蜗牛吗？"品位，正如我所理解的，是个人偏好、主要的判断、洞察力、审美的混合物；在艺术界，它可能更精确地被称为设计判断。但是品位是通用的术语。对于一些人，品位同样也是天生的；而对于另一些人，它又是教育和专注的结果。品位类似于鉴赏力，是通过很长时间的学习和经历而发展起来的一种技能。一些人被公认为具有良好的品位和出色的设计眼光，另一些人没有设计眼光并且可能会欣然承认，还有一些人据说具有贫乏的或糟糕的品位，在精神上非常失落。有关品位的所有问题其实只有一个：最好别为自己辩护，不同人的品位不尽相同。我发现少说多学这一点很有用。

我们必须了解这一格言："关于艺术我知道得很少，但是我知道我喜欢什么"。这一格言胜过大部分享有盛誉的鉴赏家或专家的观点。同样，我们知道一个对艺术或建筑有坚定信念的人可以超越任何感受并且盲目行走，我们所看到的只有他们的信念。偏见有时是不可侵犯的。那么你要做什么？为了达到持久满意的最高程度，你需要在艺术和建筑中获得知识和经验——通过读、看、讨论、学习。

确立好品位与差品位之间的差别，可以通过如何正确地对待一个人的观点，如何体验和认识设计要素来实现。一些幸运的人生来就具有一定天赋，拥有敏锐的眼睛或灵敏的耳朵，而其他人却患有永远都治不好的音盲，还有一些人，我们应该说，他们的品位逐渐削弱，即使他们有很高的才智。在建筑学中，有种考虑是，一个人曾见过多少真正的建筑？同样，他们曾如何仔细地评价过它？他们是鉴赏家还是只进行简单武断的评论？有些人认为好品位与差品位之间的差别很模糊。然而，事实上，差别不仅是明显的，而且几乎是可衡量的——通过奖项、出版物以及著名评论家的文字。

当然，美学终究是主观的，并不是符合数学等式的数值，但是建筑学要解决的设计问题通常都会包括美学，不是吗？它是解决设计问题的一个基本标准，尤其是当我们必须决定某些因素是否让人感觉错误、几乎正确或"恰到好处"时。

不同于建筑师所受的教育，工程师的正式培训似乎忽视了美学价值，好像这不是他们的责任。然而，工程师对我们在公众建筑中看到的很多结构都有责任。

其中有很多结构破坏了风景，影响了所有看到它们的人的生活质量。另外，在20世纪早期，一些最为适合的市政建筑是由土木工程师设计的。并且今天一些最令人激动的结构设计也是工程师的作品。这一时期最重要的作品是圣地亚哥·卡拉特拉瓦设计的，他是西班牙建筑师和工程师，在他的结构中，他创造了一种很高的接近巅峰体验的艺术形式。因此，美学在一定程度上是有意图性的。

让我通过讲一个故事来向你解释。设计不当的一个常见理由是花费，有时候美学上的考虑确实会花费较多；一个人必须为他自己和集体考虑，这个设计方案值得吗？目的是什么？多年以前，当围绕奥斯汀湖的河流上的一座桥被建议作为普通的公路桥时，我们一群人去同得克萨斯交通部负责人谈话。我们由安·理查兹带路，然后是一个县专员（后来成为得克萨斯州州长）引领我们，我们提出要对这一重要的、可能具有标志性的桥梁进行特殊而有意义的设计。负责的工程师说："任何事情，除了可能降到最低成本，都是浪费纳税人的钱。这样做是不负责任的。"他们的态度丝毫不变。但是我们指出，他们典型的桥梁设计会造成公众安全风险，因为该设计会在河流中树立一座路标塔，游览船可能会撞到它，尤其是在晚上。瞄准机会，我在公路线路图的背面，粗略地画了一座大跨度的桥梁图，这一桥梁有一个独特的特点，那就是它去掉了危险的路标塔，这差不多就是我们要修建的桥的样子。幸运的是，这个全新的设计还考虑了美学，不过工程师之所以下决定是基于安全标准和可能最近感觉到的对公众需求的更大责任。因为它的美，这座桥梁已经变成奥斯汀一个庄严的场所了。作为城市的标志，它很出名，在广告牌、风景明信片、广告和信笺上都会看到它——所有这些都是因为总花费的一小部分用在了符合人类精神的美学上。

品位的概念将审美家与呆子区别开来，但是人们可以在这两个极端之间找到一些较为舒适的层次。毫无疑问，这里面有一些学习新偏好的机会。偏好或品位很容易看出来，尤其是在建筑物中，不论居住其中还是仅仅路过，人们每天都会看到它。一个人的设计偏好就在我们的面前：我们要么喜欢它，要么不喜欢它或试着不在意它。

粗劣、低级品位和喧闹的丑陋曾一度成为时尚设计中的流行模式，它们也不可避免地成为建筑设计中的一种方式。一些时尚设计者将低级的品位作为起始点

（就像"蹩脚货"这个词所描述的那样），将这种品位作为搞笑的或愤世嫉俗的事情来操作，并且使其成为高级时尚；它代表了一种无知的骄傲，或反艺术，同时也是反智的。

但是大多数人更偏好高品位而不是低品位——好风格而不是坏风格。我喜欢建筑物成为我称之为表现良好的形式，也就是它们通过融入环境、发挥功用、节能无污染、丰富居住者和周围人们的生活，来尊重周边的地区和风景。表现差的建筑物就像表现差的人一样，变成他们自己低品位的牺牲品。顺便说一下，"表现良好"并不意味着无聊。表现良好的建筑物有特点，但是它们不会哗众取宠；即使是不朽的建筑，它们也不会盛气凌人——它们仅仅想成为我们喜欢的建筑物。今天，标新立异的建筑也许会引起建筑学家和评论家的高度重视，但是却会使公众战栗。

你可能会意识到有些建筑被其设计者看作是一种"干预（intervention）"，这个词同样使我战栗。在我看来，"干预"是建筑师的自我展示，但是被不恰当地置于了一种本应该和谐一致的街景中。这种自我展示或"陈述"极少会成功，除非设计者有罕见的、真正的天赋。我们对建筑整体以及一个设计者可能会附加到建筑物上的东西感兴趣，而不是无耻地藐视它。不论是在景观还是在城市环境中，设计者的"干预"看起来是极为自大的。但是它确实制造了一些新闻。记者和评论家热衷于使我们的注意力集中在不规则、怪异的东西上；当然最新的戏剧化的建筑干预刚好迎合了这一事实。人们会对它的新奇大吹大擂，因为它"展示了我们生活的混乱时代"而显高贵。但是为什么要加剧我们生活的消极方面呢？难道我们不应该努力缓和这种负面因素，建立一些正面的东西吗？当然，确实也有很多例外，如毕尔巴鄂的古根海姆博物馆或纽约的西格拉姆大厦的干预。这些都是天才的建筑，同时也是同一时期处于顶端的美丽建筑物，对它们周围的世界做出了巨大的贡献。你和我可能都认为，对艺术家、雕刻家或诗人来说，在他们的作品中展示世界的混乱状态很重要，但是他们的作品不是用来住的。另外，建筑物是长期存在的，日复一日地存在着，它应该让人舒适而不是加剧混乱。建筑物可以为你提供一个港湾，使你暂时远离当前复杂生活的艰辛，也为你遮风挡雨。

风格是另一个值得讨论的词。风格是你处理问题的一种方式，风格也是你展示内容的方式。奇怪的是，同"美"这个词一样，风格也遭到很多建筑师的漠视。我的朋友凯文·奥特尔教授1998年组织了一场关于风格的讨论会，参会人员包括一些著名建筑师，如汤姆·福特、斯坦利·马库斯，他的一些学术同行写信坚持认为在建筑学中没有风格之类的东西，称之为异端。而记者和广告家指出"这样那样的都是一种风格"，意指当前流行的或时尚的；而这同样也被许多现代主义者所否定，因为它在道德上不纯洁。这是不切实际的——事物要么流行、受欢迎，要么反之。"时髦的"这个形容词不能被否定。因此，我认可你以及上百个我曾经为其签署过证书的建筑师自由地使用这些词语：美、品位、风格。

根据定义，风格是一种突出的表达方式或习惯，一种与众不同的性质或形式。它来自希腊词汇"stylus"，意为"圆柱"，之后不同的风格被按照柱子的特定部位（像头部或顶部）来命名——多立安式、爱奥尼亚式或科林斯式，这些名字来自那些同名的地理区域，也正是它们最初产生的地方。今天，对于不同的人，不同的区域和事物有着与众不同的风格，如对于亚洲的，英国的、中国的、法国的、墨西哥的、摩洛哥的，美国西南部的、南部的、加利福尼亚的，意大利的，国际的，等等。很明显，这些中的每一个都意味着不同的风俗和偏好。你可以简单地在每一种类别后加上"风格"一词，并且可以在当地书店中找到这一类书名的图书。

20世纪初出现的很多富有活力的风格趋势是对过去时代建筑的改写：罗马式、哥特式、古典的、殖民地的、艺术学院，同时出现了弗兰克·劳埃德·赖特开创的新趋势、艺术和工艺运动、巴塞罗那的现代主义者、维也纳的脱离论者，以及斯堪的纳维亚等一些激动人心的新鲜事物。

除了新技术、新观念、战争和经济，风格还有其他两个有力的变化推动力。最明显的是在专业期刊和流行杂志中发表的观点和图画，人们在这上面研究时尚、趋势和风格，从而使设计者和消费者与时代保持同步，同样有影响的是一些反对意见，这些意见使我们对不同文化的探索成为可能。可能最重要的例子就是当欧洲人发现了新大陆后，作为非建筑师，几年内方济会和多米尼加会的修士们在新西班牙修建了成百座美观的16世纪教堂。伊丽莎白·怀尔德·魏斯曼在她的著作《墨西哥的艺术和时代》（奥斯汀：得克萨斯大学出版社，1985）中这样描述这一特别的西班牙现象："当你……利用业余的设计者和建筑师，这些人或多或少地了解好几个国家中的古典的、罗马式的、哥特式的、文艺复兴时期的、穆德哈尔式的、伊丽莎白式的、曼奴埃尔式的以及最早期的巴洛克式的建筑风格，他们与接受过外国形式培训的艺术家们共同工作——很明显，作为结果的人工产物不能用这些风格中的任意一种来描述。"当代的墨西哥人有一个词来描述这一不符合任何传统风格的形式；这个词是"anastilo"，意指"没有任何风格"。anastilo同样适用于国内的简单设计。

当今社会变化如此之快，艺术和工艺受到数字化和光纤电缆的巨大影响，由此，设计者和他们的作品会很容易传播到这个世界上的其他地方。

因此，日本的安藤忠雄可以在得克萨斯建造一座博物馆，紧邻宾夕法尼亚路易斯·康设计的博物馆，路易斯·康也可以建造一座孟加拉国的国民议会大厦，印度的巴克里希纳·多西同样可以在世界的任意角落建造建筑物。

理论和历史给了我们设计的智慧基础。建筑理论家给了设计者指导和新的挑战。同时，哲学家也给了设计者很多要思考的内容。所有这些都支撑着纯粹艺术的创新和敏锐性。当学生和大学教师还有身处前沿的建筑师以这样的理论作为解构方式开始工作时，很明显，对于我们这些得克萨斯大学的人来说，在我们的团队中，建筑师和城市规划者需要一个哲学家，所以我们增加了鲍勃·穆吉拉乌尔。他拥有博士头衔并与马丁·海德格尔共事过，他经常谈起雅克·德里达和解构。他帮助我们学习20世纪90年代的哲学，就像建筑师努力学习一种新的途径那样。

然而，我自己倾向于看更简单的、在设计程序中讨论过的设计理论，这一点同样有用，如维特鲁威斯的"便利、坚固和愉悦"理论，或查尔斯·摩尔的"金发女孩理论"，这一理论宣扬让事物"恰到好处"的重要性。我建议把这些简单的理论作为设计的主要基础，不管一个人的抽象理论最终会变得多么复杂。

建筑学科如此丰富，资料如此完备，谈论如此充分，以至于你可以在一生中去你可以体验建筑的地方旅行，也可以将所有你需要的时间花费在享受众多有关艺术的描述和谈论中。

我们每个人看事情是不同的，但也有许多共同的地方。知识和敏锐性可以通过在有关建筑史的书籍中、在建筑师专著中、在杰出的建筑物中找到的范例而得

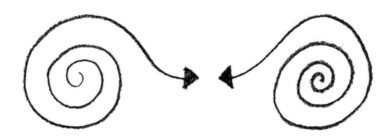

设计者和观察者互相影响：设计者要传达一种思想或者图像给观察者，同时观察者可以接收他或者她所处背景下的尽可能多的信息，以使他（她）能够被欣赏。

到提升，也可以通过实地去观察和体验最好的建筑物而得到强化。

　　在体验建筑的过程中，观察者和设计者必须发挥教育、背景、博学还有品位的作用。它是好的、坏的还是很普通的？我喜欢它或不喜欢它，还是尽力忽视它？这个工程"设计得很好"吗？它有新意吗？它是社会共有的财产吗？它适合吗？对我们的生活有没有增加一些价值？每个人都是体验建筑物这一幕戏剧中的正当的演员。你可以通过学习、参观和参与设计过程来提升建筑体验。

第三部分

更高的层次

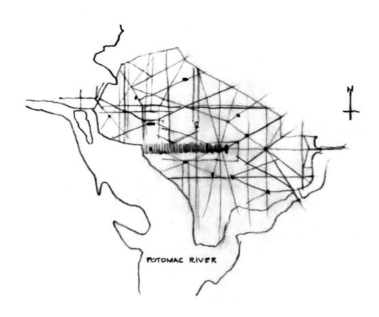

POTOMAC RIVER

第十五章　联　系

我们塑造了建筑物，然后建筑物塑造我们。

——温斯顿·丘吉尔（1874—1965），英国政治家、传记作家、历史学家

亲爱的威廉：

作为一个房地产经纪人，你知道修建地点与修建方式同样重要。你的工程的成功将展示它如何与城市有机体完美地联系在一起。这一有机体包括交通系统、商场、服务、购物、学校、社区、艺术和娱乐、公用事业等，它属于城市规划的领域。

你记得我曾告诉你我上雨果·莱比锡·皮尔斯的城市规划课程的情景。它是如此无趣，所以我经常从后门溜出去。当我想要做建筑的时候为什么要学习城市规划呢？当时我不明白。但是在他的设计室进行社区设计时，我得到了答案。我确信城市规划可以有力地使建筑大规模地延伸到让人兴奋的思想领域。城市规划师的领域将建筑与社区、城市和土地相连。它包含了在哪里建造建筑物这一问题的答案以及土地成本问题，但是你不会在一打整齐的平面图中发现它。

这已经是陈词滥调了，但却毫不夸张，房地产的三个最重要的价值是位置、位置，还是位置。很明显，最不可救药的建筑失误是在一个错误的地方建造了建筑物。正确的地方是那些联系可以为你服务的地方。这些联系是城市规划中的基本内容。有些联系就像人行道一样微妙。

总平面图、当前设计图以及规划问题的分析提供了信息基础，这些信息通过专业规划师、行政人员和政治程序得到深化。我将城市看作一个大型建筑工程。在这个大规模的建筑物中，街道就是走廊，开放的空间是房间，广场和公园是庭院和风景，建筑物是墙。当你沿街道、人行道或高速公路前行时，你所看到的建筑物的形式和空间会决定你对这座城市的感觉。你会看到一些建筑物的内部，也会穿过建筑物看到很多街道。你将看到未经设计的废墟，并且期望看到一些富有思想性的城市街景。

你在街道、城市地图和城市规划图中看到的是长期形成的力量变化的产物，这些力量包括经济推动、运输系统、公用事业系统、人口、政治动态和设计态

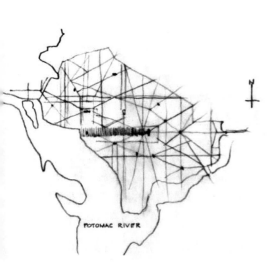

华盛顿特区的巴洛克式设计图。皮埃尔·恩范特设计，1792年。

得克萨斯州达拉斯的高速公路环线，是美国大部分城市高速公路系统的典型。

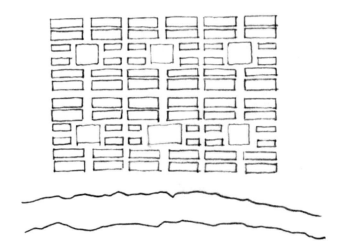

美国佐治亚州萨凡纳的广场和建筑。詹姆斯·奥格索普将军设计，1733年。

度，它们在持续地影响城市实体的形成。城市的形态可以通过设计或非设计的方式来改进。

　　与花费和限制方面的问题不同，位置的问题很多。一些例子：对于一个特定的建筑目的，什么位置是最好的——城市中心、市郊还是边缘地？为了跟运输系统、零售业和学校有最好的联系，地点应该选在哪里？什么是正确的社区？什么是正确的市场区域？什么样的增长模式？并且可能比你所认为的更重要的是，我可以步行去购物、去接受服务、去学校以及交通地点吗？这些问题需要一位建筑师和规划师称之为城市形式的讨论。

　　对城市形态的观察有助于你形象化随时间流逝而发生演化的类型。形象化一个旧世界的城市——由一个封建村落开始演化，以商业、运输、宗教仪式、防卫或所有这一切而决定的方式成长。权力等级、社交活动和防御墙形成了村庄的实体形式，这一村庄有一个特别的形式。随着城市的发展，它会被重新塑造：用于教堂的大型公共广场、新的运输方式所需的新街道、新的公共建筑物。重新塑造是持续不断的，它会一直适应变化的交通、商业和人口。城市成长中的加速变化促进了19世纪和20世纪整个世界的发展。思考一下中世纪巴黎戏剧性的变化，当时，它被乔治-尤金·郝斯曼男爵在一个重大设计中重新塑造，这一设计改造了螺旋式的中世纪街道，将其变成宽敞的三列林荫大道，空间由建筑物的墙体形成，这些建筑物位于具有建筑里程碑意义的特殊地点。20世纪，随着汽车开始支配我们的生活，美国的城市有了一些戏剧性的变化。还有一些更戏剧性的变化，像高速公路和出口匝道通过增加可达到的活动距离和速度来影响发展中的城市。亚历克斯·马歇尔在他的著作《城市发展之路》（*How Cities Work*，奥斯汀：得克萨斯大学出版社，2000）中，描述了城市怎样适应各种运输形式，直到高速公路和出口匝道开始出现。

同时，新的规划概念以一种引发居住、购物、学校和工作之间距离增加的方式区分了土地用途。公司开始将它们的总部移出市区，迁往城市边缘，与此同时，零售店从市区移向了郊区。距离变得越来越远，速度变得越来越快，步行变得越来越不切实际，城市孤单地挣扎着开始新的生活。另外，房地产的发展成为城市中的主要经济引擎，它提供了需要的服务和设施。然而，开发商有时会与规划不一致，因为如果有资金，他们就会建造建筑物——不是为市场建造建筑物，而是直到用完资金。就像酵母面包发酵：你必须使用发酵粉，不然它会死掉。建筑物的过度出现使距离进一步延伸。

正如马歇尔所观察到的，新的高速公路、出入口受控的匝道推动了新的活动中心的形成，同时也需要人们的生活进行一些戏剧性的再调整，因为存在一个基本的缺陷：没有人能步行去工作、购物或娱乐。中间的距离如此之远以至于他们不得不借助轮子出行，虽然他们驾驶汽车要么太年轻要么太年老了。交通方式的这一变化影响了每个人的生活方式和城市的物质形式。它也将促进新的大规模发展作为目标：地区购物中心、大型商场、工业园和在出口匝道末端的"边缘城市"群。

适应高速公路的新规模、出口匝道和停车场是智慧和艺术努力的主要部分，创造针对这一现象的合适的城市形式。目的是找到一种方式，能给予我们现代化的好处而又不失去相邻城市、存在感和社区的价值。我们如何避免远距离出行所引起的个人时间的损失、化学燃料资源的损失、厚重的混凝土建筑物的花费以及用于汽车行驶和停靠的大量不动产？所有这些问题通过被称为"分区制"的土地用途的区分而不断积累。

　　说到分区制，为什么它会变得如何流行呢？它最初意指将污染性的工业设置在适当的区域，但是分区制如今扩展到了城市中的每件事情里。它让人们更容易出售房地产以及以较低的费用做大额的抵押。它还使得在被分区制所分离开的地区周围修建快速路以及主要交通通道变得更为简单。现在我们知道，这些系统通过阻塞一些可用要道阻塞了交通，比起旧的格状设计允许人们有更多的出行选择，它们制造了更糟糕的交通问题。分区制实际上使步行变得不可能。

　　了解一个城市的形态来自它的经济推动者、政治、自然环境、人口密度以及交通方式，有人可能会问，什么影响会使即将到来的变化是积极的？一方面，我们如何平衡个人权利和自由企业体制；另一方面，我们如何平衡社会生活的品质。一座在历史上布局良好的城市能通过使房地产成为自由放任的企业，而使其成为提供令人愉悦的地方、用于生活和工作的城市形态吗？

　　思考一些类似的例子。想象一些幸运的城市，它们在初始时期就有城市设计的热望：华盛顿特区；费城，宾夕法尼亚州；萨瓦纳，佐治亚州；新奥尔良的法语区。这些城市开始于较简单的时代，当地的社会更加连贯，因为一种强烈的设

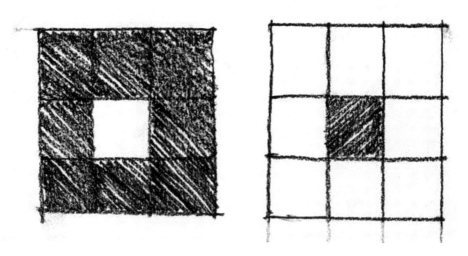

一个正方形中的9个正方形的几何形状，解释了四周环绕着花园的典型的独立式住宅的土地用途，也解释了有公用墙，中间是开放式天井的房屋的土地用途，可以提高密度，使其便于步行，同时缩短了城市基础设施的距离和出行时间。

计理念可以在政治上给予它们指导。交通系统塑造了城市的发展，但是产生于建筑几何学和层级的城市形态形成了街道和公共的开放空间——广场、露天市场、街区——由街道的墙壁形成。有意识的设计有助于使城镇更宜居，并且通常会使它成为一个具有吸引力的、连贯的城市结构，有些时候它会很美，在这一结构中，人们可以步行去他们所需要的商店或享受服务。这样的城市同时也很幸运，因为它们能够在不损害早期城市品质的基础上适应快速路的新规模。

在美国，我们有各种类型的城市。我们有设计出来的城市，如华盛顿时代早期的费城和萨瓦纳；有理性布局的城市，如盐湖城；有未经设计过的城市，如达拉斯；还有历史名城，如新奥尔良。我们有复杂的、人口密集的城市，如纽约；以及散乱的城市，如洛杉矶。时常，如果缺乏一个重要的设计，我们的城市会是一片未经设计的大型区域，其未来正如标识所预示的："住所地点可供（Pad Sites Available）"。

通常，我们会看到一座现代化的城市不是由优秀的建筑，而是由一些普通的建筑物构成。一个人可能需要驱车几英里才看得到可称之为建筑的事物。然而，

历史名城是适于步行的，如新奥尔良的法语区，根据西班牙模式设计。

像波士顿这种高人口密度的城市也可以提供一个适于步行的社区，因为人口密集、活动近便，利于提供所需的服务。

当我们去一些较老的城市时，我们会看到一些一致的普通的建筑。两种城市的区别在哪里？它们都有汽车、人群、繁忙的商业以及一些好的建筑。美国，这个世界上最富有、最有力量的国家发生了什么？我会按照我的理解为你讲述故事。

　　现代化城市与历史名城的区别在于我们首先考虑问题的方式，因为它们对生活方式和基础设施带来影响。科林·罗在他的著作《正如我说》(*As I Was Saying*，剑桥：麻省理工学院出版社，1996)中评论道，历史名城是一种内部具有空旷区域的实体形式——建筑是实体，街道和广场是空旷区域——相反，现代化城市是一种里面充满固体建筑物的空旷形式——空间是街道、公园、停车场以及建筑周围的所有风景区。历史名城在功能区之间有适于步行的范围；现代化城市因为它的分区使用的概念（分区制）在功能区之间仅有适于驾车的范围。历史名城有简洁的、经济的基础设施；现代化城市在距离和花费上呈指数级地扩增了昂贵的城市基础设施。历史名城的人口密度可以支持在可步行的距离内提供零售服务；现代化城市有较低的人口密度和分离的功能区，需要每个人驾驶汽车。在过去的几十年里，汽车加速了州际高速公路的规模，甚至是城市里的高速公路，在这里，出口匝道通向更多的停车区域和超级市场。更大却更少的便利机构（商场相对于街角商店）要求广泛的高速驾驶。生活方式完全不同——就像纽约不同于洛杉矶，或罗马不同于休斯敦一样。历史名城的形态，如新奥尔良的法语区，有较少的建筑物，日常建筑因为街道形式而更具吸引力。建筑就位于街道上，赋予街道以空间围墙。连续的墙体使街道成为一个空间，一个对人和汽车开放的公共空间。街道空间可以在宽度上弯曲、多样化，使其看起来富有特色。可以种植一些树木以获得绿荫和装饰，使僵硬的城市边缘变得柔和，也使街道成为一个更舒适的散步场所。在这里，普通的建筑物是可能存在的，因为比起支撑它们的街道来说，这些建筑不占优势。因为只有建筑的正面是可见的，并且附属于它相邻的建筑物，所以建筑物之间倾向于彼此尊重。更重要的是，建筑物没有把自己暴露于其周围的空旷空间——它只是展示了它的面部来形成街道；它的开放空间是宽敞的私人庭院或内部的院子，它们形成了建筑物的中心。当人口密度要求汽车停放时，停车设施可以设置在建筑物后面或下面，而不是在其前面，这样街道的空间面貌维持了它的完整性。随着商业的发展，许多零售和服务商店会被基于互联网的、以卡车送货上门的服务所取代。

　　当一种文化具有集体传统而不是独立传统，如个人权利高于一切，包括集体权利，具有连贯性的日常建筑物以及特立出众的建筑物会更容易实现。无论建造什么，采用传统建筑形式而不是完全的个人自由风格，建筑物的面貌会得到提升。美国城市更多的是由企业家来塑造而不是通过对于城市生活的宏观设计来实现；更多的是为了攫取利益而不是服务公众。这是需要做出取舍的。现代化城市缺乏我们在假期里可以享受美景的旧世界或第三世界的魅力。那种环境现在被复制并被置于某种展览馆中，如迪士尼乐园，我们需要花钱进入，将其作为一种娱乐来享受，而不是在每天的生活中享受它。

　　我的一个家位于圣米格尔·德·阿连德的墨西哥中部群山中，这是一个极具魅力、历史悠久的村庄，街道的空间由具有柔和曲线的建筑物外墙形成，有着传统的日常建筑，有着没有分区的多样化邻区。

　　每座建筑物都临近街道，形成了街道空间的墙壁。我喜欢走到几乎每一个地方，欣赏优美的不同类型的日常建筑。这些建筑物的每个入口都极富个性，没有任何两座建筑物是相似的，因为它们是徒手建造的，现金支付，没有抵押，没有分区制，仅仅是建筑本身的控制。这些特质开始于公元542年的圣米格尔，现在是一个有九万人口的小城，建筑方面的控制开始于1927年，大约在同一时期，分区制在美国出现了。

　　在幸运的现代化城市，实现人类需要的步行尺度是可能的。一个人可以生活在拥有一百万人口的城市的中心附近，在到主要街道、学校、餐馆和服务的可步

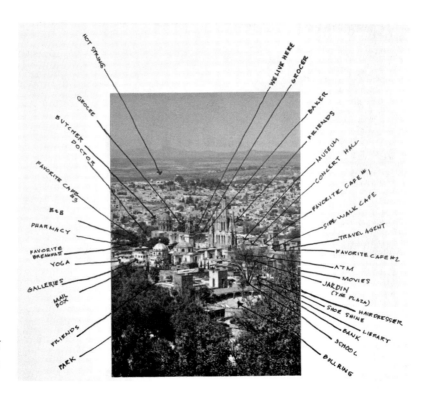

圣米格尔·德·阿连德，瓜纳华托，墨西哥。

行的距离之内，不需要高速公路、出口匝道或停车场。我的另一个家在得克萨斯州的奥斯汀，可以经常步行去杂货店、咖啡店、餐馆、洗衣店以及朋友家。近便使生活更加简单。它也显著性地提高了房地产的价格，当人们试图从市郊搬往中心区时，他们会发现这一点。我们在城市中生活的目标会发生变化，这一变化要求改变用于区分土地用途的分区制要求，需要有较高住宅密度的邻区的混合使用和铁路系统。

我们有很多增加住宅密度和多样性的方法，以产生许多居住在城市而不是驱车来回于城市边缘的资产。最好的方法之一是科林·罗阐述的历史名城的奥秘——天井房屋，地中海式的房屋，有中庭的房屋。这一形式对几乎任何建筑类型都有帮助。在历史名城中，同样的设计形式被用在办公楼、学校、医院、旅馆和商店中；在圣米格尔，即使是市区的斗牛场也有一个临街的正面和入口，位于狭窄的、有墙壁的居住区的街道上，街道上有小商店和小学。这一建筑形式——有位于中心的天井以及所需的地板——允许不同的建筑物相互靠近，也给了邻区很多不同类型的服务。在混合使用的典型例子中，圣米格尔的斗牛场，在某些日子可能会很吵，因为有一些城镇中最好的房子与斗牛场共用一些公用墙。比较一下几何学的优点：地中海式的房屋形式包围着开放空间，私密且安全；在美国的房屋形式中，开放的空间包围着建筑物，赋予了几乎所有的建筑形式——居民区、公共机构、商业建筑的前院、后院和侧院——以大部分的土地。与此类似，新英格兰模式的村庄紧密地簇拥在公共区周围，提供了不规则模式的优势。这类村庄的增长，正像城市人口增长一样，可以在更加庞大的伦敦看到。

重要的是，历史名城的形式使用了较少的土地，提供了较大的人口密度，这样家庭或各种服务离得非常近，人们步行就可以到达，因此，缩短的城市基础设施的距离在效用分配和街道马路上产生了巨大的经济实惠，因为它们之间的距离仅仅是现代化城市中距离的一小部分。当然，最好的部分是近便可以活化邻区活动的人和服务的地方。

土地得到较好的利用，且邻近区域足够密集，居民可以步行到公园、服务场所、学校和朋友家，这种地方有很多剩余土地，可以用来做公共的开放空间，如广场，成为促进邻区人们的社会关系、居民关系以及商业使用等相关活动的场所。这些有关天井房屋和有供人们聚集的广场的多样邻区的旧想法，在美国会提供更好的生活方式选择，然而这些想法在大多数情况下并不合法。只有旅行并体验过很多城市形态的建筑狂热者，才可能会是做出这种改变的人。

即使过去的城市可以适应客车、火车、路面电车甚至汽车，这些城市也无法很好地处理速度和连接遥远的、分区制的独立功能区的现代化高速公路的距离。当面对高速公路时，一些历史名城失去了它们的活力；时间—距离几何学主导了城市的活力。人们不再需要住在他们工作、购物或娱乐的地方；所有这些地方都被汽车连接在一起，除了那些非常古老的区域，这些区域仍然是可步行的区域。这正是现代化城市自身面临的现状，在这些城市中的公共开放空间几乎不会有面对面的聚会。如果加以保护，这些步行区依然可以存在。为了实现支持多样步行区的城市概念，我们必须要资助它们，因为相比区域改造，高速公路获得了更多的资助。

我们期望的、为城市赋予形式的城市规划者怎么了？城市规划作为一种职业性活动，最早是由国王、君主、主教进行的，后来才有了建筑师，不过他们的出现与建筑本身相比要晚得多。规划是一种职业，然而在过去的两三代人中，城市建设几乎全部献身给了政治计划、系统以及二维空间的组织，并不包括我们用感觉去体验的物理三维形式，二者之间存在差距，并在我们的城市中表现出来。

这一差距在一个不幸的时代不断变大。主要的变化发生在20世纪早期的美

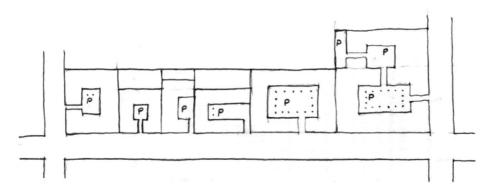

有天井的建筑物可以运用多种形式，也可以有像房屋或综合医院那样的多种用途。

国。正如我所认为的，增长和变化通过六个不切实际的概念相调和：其中两个是竞争性的建筑学宣言，三个是公共政策，还有一个是社会变化。

第一个概念是一系列引发城市重新布局的原动力，对于农民和来自非洲南部的美国人，城市就像一块磁石。朝相反的方向迁移的是试图迁出城市中心的企业，他们想在城市边缘的公园背景中建造总部。与此同时，其他重新布局的压力也在城市中心发挥着作用。城市更新立法和高速公路的土地可利用性使许多人和许多模式开始运转起来。这些动态的迁移激起了变化。

第二个概念使其他的概念更加容易，它是一个新的有力的经济发动机。联邦房屋管理局的房屋抵押计划设置了一种适当的方法，它可以塑造美国的几乎每一种生活，并永远地改变了都市风景。它允许很多人建造、拥有他们自己的家——不过是在非常刚性的、独立的、有独立住宅的单一家庭中。联邦房屋管理局同样制定了最小地产要求，这一要求成了住宅分类的模式。分区制和联邦房屋管理局有助于削弱较老的邻区，创造新的没有零售店或餐馆的同类郊区，它使得一个真正的邻区社会结构的形成变为可能。两个具体的规划概念推动了变化：分区制的规划政策区分了功能，加剧了对交通的需求；联邦房屋管理局的便利则促进了房地产的迅速发展。

第三个概念是这些变化将要采取的形式的主要设想。最主要的是勒·柯布西耶的"辐射城"（La Ville Radieuse，1931）概念，这一计划要将巴黎夷为平地，用广阔的分离的摩天大楼的开放空间来取代，这一空间包含未来世界城市的功能。现代主义主题的变化在1934年"一个世纪的进步"芝加哥世界博览会、1939年"明日的世界"纽约世界博览会以及关于这一时期的杂志和电影中有所体现。概念的一以贯之给了它们极端的权力。这成为一个诱人的概念，像规划者、建筑师和开发商之间的"纳粹"运动一样强烈的时代思潮。比起其他模式，它们形成了更多的关于现代城市的思考。洛杉矶较新的市区是部分已经实现的例子。每个城市都有考虑欠妥的"迷宫"。

第四个概念是弗兰克·劳埃德·赖特的"广亩城市"（Broadacre City）设想，它在1932年公诸于众，是一个把城市区域分散为没有中心的社会目标的计划——把每个家庭安置在自给自足的地点上，遍布在没有层级的无尽风景中。幸运的是，克拉伦斯·斯坦和享利·赖特打消了英国新兴小城镇和新泽西雷得朋花园城计划这两种"理想的城市"的想法。

第五个概念不是一个计划，而是一项政策。1929年，新的法律颁布，通过分区制区分了土地用途，其最初的目的是让俄亥俄州欧几里德城污染大气的工业与城镇的其他部分分离。然而分区制法律逐渐传播，并开始将其他城市用地分隔为分散的区域。开始作为烟尘堆积保护性的隔离很快使每个功能区隔离为自己单独的区域。分析一下结果你就会明白，它并不像听起来的那么好。分区制要求一定区域作为单一的住宅区，没有任何商业服务，从而破坏了可步行社区的任何可能性。外墙缩进和侧院延长了步行的距离，加剧了基础设施的成本。办公室和房屋被要求建在分隔的区域中，餐厅不能紧挨房屋。公园很大，与大部分的居民区都相隔较远。公司规模扩大，使用大块土地作为房屋和购物区，它们相隔很远。商店不能距人们居住的地方很近，它们必须被分隔为不同的区域。在分区前的世界中，这样的便利设施和舒适性随处可见，而没有违背分区制法律。比如，当我在8世纪的城镇中继续我的使命时，我会在同样短的街道中经过住宿条件最简陋的

市场上知名的作为专用产品的风景类型。

房屋，旁边是价值四百万美元的房屋、一个小的食品杂货店、一个修鞋店、一间打铁店和一间面包房。你不会看到街道的不同用途，因为它们都在街道墙壁的门后。此外，我会沿城镇广场、街道行走，街道在同一街区，在高墙后有教堂、鞋店、家具商店、或穷或富的房屋、餐馆等各种各样的东西，在同样的街道简单的门后，一座小学位于斗牛场的门前，从那里步行较短时间就可以到达公园。可以比较一下这两种城镇规划的形态。

第六个概念使其他的概念更具有实现的可能。1955年《州际公路法案》颁布后，美国建立了州际、城际高速公路和市内交通系统，这是私人汽车和卡车发展的结果。汽车的便利已经消除了路面电车和客运列车，使汽车、卡车以及公共汽车成为仅有的路面交通工具。这些建筑和未来的计划设想以及其他新的分区法律，要求有数以千计的汽车和高速公路，这样我们可以驾车行驶在所有的分隔区域。这一想法吸引了每个人并使底特律颤抖。在分区和高速公路的想象中所丢失的东西是邻区杂货店、小商店、咖啡馆、办公室、房屋选择以及城市的关键因素：邻区。

这六个逐步形成的概念——迁进迁出、联邦房屋管理局融资和标准、柯布西耶的设想、赖特的设想、功能的分区独立、高速公路系统——形成了空间分离、建筑分离的家庭区、商店、餐馆、娱乐场所和办公室，最终改变了我们的生活方式。我们的城市形式概念已经变得很模糊，以至于现在我们在汽车中需要全球定位系统导航的帮助以确定我们身处何方，去往何处。看似合理的分区法令有着广泛的影响：它们促生了野蛮扩张的地区和郊区；它们让街道上挤满了汽车并且创造了高速公路，产生了折中或消除了步行者和人体尺度的几何学。随着大规模单一用途分离的发展，低收入人群被遗漏了。与这些设想同时发生的是规划师和社会评论家刘易斯·芒福德（1895—1990）细致的分析和有思想性的评论，他预言了现代城市中的可怕变化，疏散化导致了城市内部的疏离。建筑师和规划师帮助实现了芒福德的预言吗？如果每个人都曾近距离地听过芒福德的预言，我们就不会因为依赖高速公路和石油而放弃火车和路面电车。

城市扩张正在恶化。有了扩张，要跨越长距离，速度就至关重要。过去，距离通过低密度的发展而扩大，它们需要跨越漫长的高速公路和要道，需要消耗时间和石油。这一条件使得交流更加依赖无线电而不是面对面。到达那里变得比待在那里更重要。格特鲁德·斯坦对扩张的奥克兰诙谐的描述"那里没有那里（There is no there there）"可适用于美国的大部分城市。被剥夺了权利的是那些没有车的人：孩子、年长者以及残疾人。步行现在成为我们为了个人健身而安排在时间表上、在脚踏车和跑道上的事情，而不是从一个地方到另一个地方的旅行。典型的分区和规划政策同步行范围和邻区相背，尤其是分区在物质上不适合低收入家庭，因为他们更多的是步行而不是驾驶汽车。

随着郊区取代邻区，出现了这样一种传言：郊区对家庭和孩子很有利。取而代之，孩子的世界简单地缩小为后院的范围，仅可以走到几处其他的房子——没有商店、公园或学校，因为它们变得很大并且距离很远。

分区和房屋抵押区分了土地用途，使得人们在两者之间步行距离遥远，汽车成为必需的工具，因为人们已放弃了所有其他的交通体系。关于这一时期，简·雅各布斯在《美国大城市的死与生》（纽约：维塔奇出版社，1961）中提醒我们，作为社会和安全的基本原则，通过"将视线停留在街道上"来认识我们的社区和邻居，街道是人们面对面相遇的地方，即便是从他们的前门开始。失去这些特点就会影响我们的生活质量、我们的安全，我们如何利用时间以及我们的社会财产质量。在重现不同类型的步行区之前，思考一下必须改变的态度和法律。分区法只有短短60年的历史，它们并没有被刻进石头里。比起分区法，我们有许多更强大的传统可以遵循。对于一些建筑狂热分子成为激进主义者并且帮助社会处理这些问题，这是另一个规则，不是为了怀旧，而是为了生活质量。

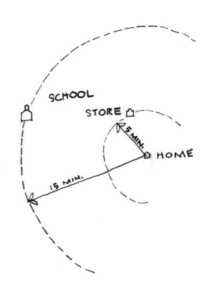

从家里到商店和学校的步行距离有助于界定一个邻区。

如果出现了毁灭性的能源危机，我们不能经济地从家里驱车数里去买一片面包，那么会发生什么？很自然地，城郊可能会为了人们的方便而引进一些商店，并且可能成长为一个区域中心，创造出步行区，这是邻区对市场力量作出的反应。新的同类居民区至少有100年的历史，并且随着历史发展，它们被重塑了很多次。创造性的规划和企业家能够制造不同类型的邻区，如果这变成了我们的目的，现在让我们重新看一下那些20世纪早期的影响，思考19世纪城市规划者创造出一些漂亮城市的原因是它们有不同的模式。他们在传统中开展设计工作。19世纪的土木工程师运用人性化和建筑技巧设计公共作品，通常需要建筑师在设计中给予帮助。过去的20世纪里，城市规划目标的改变有四个阶段。第一个阶段是卡米洛·席蒂在他的著作《基于艺术原则的城市规划》（维也纳，1889）中描述的城市概念。然后，丹尼尔·伯纳姆巩固了1893年美国哥伦比亚世界博览会的城市美化运动。在接下来的几十年中，现代主义用"根据效用原理的城市规划"击败了这一运动。接着，所有一切都被"根据市场原理的城市规划"概念所击败——菲利普·兰登在他的著作《一个更好的生活地方》（纽约：哈珀出版社，1994）中进行了描述。在那里，市场的发展和规划的衰落导致新的住房被简单地认为是市场"特定生产的结果"，而不是家庭和邻区。商店和服务存在于几英里外隔离的市场中。这是多么尴尬的人居环境啊！它使得邻区成为如"并排豆荚"的住宅商品，购物中心则远离住宅，只有开车才能到达。在一个世纪中，我们的城市生活模式从遵循艺术原则发展为市场原则。

我相信我们是一些糟糕的故事——神话——的受害者，我们已经相信它们就是我们想要的：建立在上述六个规划概念基础上的20世纪传统。当前的社会神话告诉我们，我们必须住在单体的家庭房屋中，我们必须有周围布满草坪的院子；我们附近不需要有零售商店，只有一些其他的房屋就可以了；当要离开住宅区时，家庭中的每个人都必须驾车；家距你要购买一片面包或一瓶牛奶的任何地方有很长的距离。那一系列神话回到了个人的"森林中的边缘小屋"。当然，这不是世界其他地方共有的神话。欧洲的城市、地中海沿岸、远东和拉丁美洲有些非常不同的神话，其中有一些倾向于群体而不是个体。我们必须研究我们古老的神话，从而提出新的神话——新的故事情节和政策——它们应该支持群体而不是否定它。我们需要一个新的公共政策，它强大到足以影响市场，这一政策与规划、分区和内部交通有关，它会推动提供一种新的形式。不可否认，房地产的发展受市场驱动，所以政府的公共政策可能需要做出必要的调整，这些调整可以创造当前正在消失的可持续的实体社区之类的东西。

　　面对由分区和财政带来的房地产发展规则，加上摩天高楼的巨大空旷地的柯布西耶设想、分散到郊区的赖特设想以及英国新城镇模式，20世纪美国城市的混乱不可避免。城市规划变得只是一个分离功能区和连接车辆要道、排水装置以及效用的二维图表，而不是对于生活地域的三维设计或可能是一个主要的设计。最近的三代规划师们忽视了设计；他们是政策规划师而不是自然规划师。规划师的理论训练刚刚开始改变。

郊外小型邻区的方案设计。居民可以步行前往中心区获得服务，并连接到一些类似的小型邻区。这些小型邻区可为一个大的、可步行的邻区提供学校和服务。布拉特、鲍克斯和霍华德·梅耶尔，1959年。

正如建筑师在没有先看到一座美丽的建筑物前难以设计出来另一座美丽的建筑物一样，如果一个规划者从来没有见过漂亮的城市，他（她）怎能设计出漂亮的城市呢？今天，我们仅仅讨论可步行的城市以及它们的成长。作为参与规划课程的建筑系主任，有天我步行到一座会堂，意识到"我们就是问题"。在改变这一趋势的努力中，在对我的城市规划课的介绍中，我说："当前，我们要学习的关于设计宜居城市的大部分内容都是与法律相违背的。"我主张，停留在当前法律、法令和规划政策中，将会继续降低宜居性、集体感和生活质量，同时耗尽石油能源、破坏环境并且无视美感。

有种古老的规划理论这样说："每个孩子应该能够安全地走到学校，每个成年人应该能在15分钟内走到基本的生活服务处。"第二次世界大战后，这一理论被禁止，虽然它仍然是一个有价值的目标。我喜欢使用"5分钟冰棒原则"，这一原则是这样的，"一个孩子必须能安全地在5分钟内从家出发买到一个冰棒。"当然，当分区隔离了不同的功能区以及高速公路修建起来为之服务后，这种自由就丧失了。

"5分钟冰棒原则"在与一位规划教授特里·卡恩的讨论中得到了发展，当时我们正准备为学规划的学生们上课。现在它已是一个耳熟能详的原则。我相信这

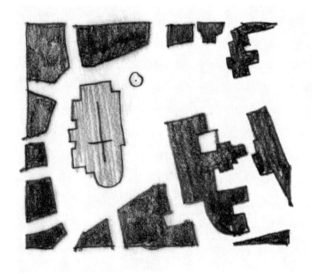

建筑师卡米洛·西特研究并评述了19世纪末期欧洲城镇中的城市空间。

一简单的原则可以扭转过去几代规划者们破坏性的影响。如果应用到所有新的规划决策中，"5分钟冰棒原则"将会用几种方式为我们的城镇和城市恢复人文环境。将这一原则运用到郊区的细分部分中，它不仅能在孩子们被允许开车前给予孩子一个可步行的区域，并且也能让成年人做除了驱车带着孩子外出以及在工作与家庭间驾车之外的其他事情。将这一原则运用到地区购物中心中，住宅会成为发展的一部分，人们会拥有允许他们步行去商店和服务场所的住宅和街道模式，就像在传统的邻区中。这一原则通过增加住宅运用到城市中心中，人们会选择新事物不断涌现、服务方便的地方居住。将这一原则应用到几乎任何新的大型房地产中，通过允许人们步行（不是开车），它会进一步得以改进。只是在污染工业区中，人们希望将其与其他的人类使用区相隔离。这是分区在失控前的最初目的。在所有其他情况中，人们都能够步行。

线性公园是用一种舒适的方式增加5分钟步行的设计，这种公园长而窄，用人行道连接起不同的使用地和邻区。线性公园可以让人在5分钟内亲近自然。公园可以只有30米宽，如果可能，沿着小河设置排水区。而当线性公园作为消遣区域，被设计得很大、很宽并且覆盖住小河，需要在内部插入排水管道时，上述这些好处通常则都会失去。一些城市通过摒弃下水道并且重新建立自然装置而令小河重现生机。

另一个简单的要求可以改变城市的外观，即要求街道的设计要有成排的树木、街景，人们能在完整的路上行走，因为我们通过穿越街道来感受城市，我们可以在多样的街道设计中，通过在几乎每条街道种植成排的树木来影响城市的形象。相比处理公共交通，这需要做更多工作的设计。诚然，相比于城市的基本功能，外观是次要的，但是我们应该足够文明，而不只是快速地从一个地方到另一个地方。为什么不从各个角度设计街道和高速公路？联邦和州法律要求景观建筑师与工程师参与进来，在街道和高速路设计中发挥重要作用。

在过去五十年中，交通和通信的改变已经为社区产生了不同的内容。《纽约时报》的赫伯特·马斯卡姆问："20世纪末期的一个社区是什么？是一个集合的群体，一个集中的阵营，一个网络聊天室，一本地址簿，一个舞蹈俱乐部，所有遭受某种不能医治的疾病折磨的人，一种性别，一个年龄组，一间候诊室，银灰色宝马车主，有组织的犯罪团伙，信赖某种品牌的止疼药和在一个周日的午饭时间走过曼哈顿两个街区活动身体的人。"他是正确的，我们中的每个人都有许多"社区"。网络、电了邮件、iChat社区（苹果公司推出的一款即时通信软件）事实上是全球的，虽然它不同于实体社区，在这实体社区中，一个人可以沿街道散步，享受比萨的美味，步行做一些事，偶然碰到某人，或只是随处看看并且欣赏周围的风景。我认为对有场所感的实体社区的渴望就应该停留在这里。

第十六章　发现可能性

在任何演化过程中，甚至在艺术中，追求新奇已变得日趋腐朽了。

——肯尼思·艾瓦特·博尔丁（1910—1993），美国著名经济学家

亲爱的阿奎泰克塔·古提艾瑞兹：

我的朋友，我非常尊重你对当前设计状态的抱怨。建筑师看起来已经脱离了建筑物，不是吗？对我来说，最大的问题是，我们如何让二者回归？并且在下一个演化阶段，它又会是怎样？

这些都是很难回答的问题，但是让我从你的问题开始回答："是不是到了需要全面改变设计方向的时候了？"

我的回答是肯定的。就在现代主义实现它的主要目标——否定19世纪末的过度设计，对房屋进行清理和简化——之后，我们建筑师在学校里学到的现代主义信条以及承载这些信条的建筑，这40年来一直饱受批评。在现代主义设计促生了一些伟大建筑的同时，也产生了大量孤零零的、让人感觉不适的建

筑——有时候整座城市都充满了这样的建筑。《纽约时报》的保罗·戈德保说得好：“现代建筑已经太理性、太刻意地用一种理智的方式使其看起来美观，而不是用一种感官的或物理的方式使其舒适。”同时，詹姆斯·布拉特在推进地球村的过程中，也记述了现代主义实际上如何推动了对地域性的类似破坏：“从远处看，内罗毕很像得克萨斯的米德兰。”不过建筑师菲利普·约翰逊的批判可能最为严厉：“现代建筑是个失败……毫无疑问，今天我们的城市比50年前的更丑陋。”

现代主义不合时宜的例子已经侵入了每个发展中国家的几乎每座城市。除去少数的例外，这些例子倾向于侵略性的粗暴、刺耳和视觉混乱。看一下西西里岛的锡拉库扎远古城市。在过去的26个世纪中，它已经受住了至少十种不同文化的侵袭，然而没有一种文化至少在视觉上像现代主义这样具有破坏性。希腊建筑中混入了罗马建筑、摩尔人式建筑、西班牙巴洛克式建筑的东西，即使已经拥有了如此丰富的历史结构，我相信新的东西仍然会被吸收进来，只要是能够加入一种富有思想和令人尊重的建筑。

重新考虑并且重塑现代主义，正如我们所知的，在日常的建筑中会涉及建筑的学术和专业方面的规则。但是，这里大部分的问题仅同非建筑师有关，既然每个人最后都会以各种方式参与到建筑中来，不是吗？那么这就是为什么我不在这里讲建筑理论本身，而是讲可能激活建筑可能性的四个重要的设计问题。

第一个问题是建筑师将建筑归于现代主义假定的道德规则——现代主义是用来建造建筑的唯一合理的方式，这种侵略性的、脱离背景的城市“干预”是一次命令式的胜利。

第二个问题是对一些有用的术语的需求，或是对于设计没有建筑师参与的建筑物的某种指导。

第三个问题是建筑师提供更好的产品的需要。这样就会要求他们为世界设计更多的建筑。

第四个问题是数以百万计的、被不合理设计的私人住处，没有建筑的优点。即使是房屋，或大或小的，都是从“建房”公司中获得的价值不菲的产物，设计是如此无知，以至于会使一位学识渊博的业主感到困窘。将美国兴起的造型风格独特、大小像公寓、文化方面却像麦当劳快餐店的建筑，同19世纪的新港大厦进行比较；或将普通的草原学派房屋和一百年前的木瓦平房设计与现在建造的房屋进行比较。

重点强调这四个问题中的第一个，我们来检视两个假定情景。在情景A中，现代主义者继续无视先前的建筑、今天的市场、一致的城市形式和人类的基本需求，并且继续用现代主义者的教条进行理智化的创新。今天的现代主义灌输者所喜欢的玄妙诗意，最终会逐渐变得更加激进和晦涩，对于大众来说越来越难以接近，然而对于内行人士来说却变得更加崇高（一些人会说："是的，对极了！"）。同时，对于普通建筑物的本土指导仍然是旧的国际风格，它产生了世界上的雷同建筑，并且赋予现代性比地域、地理和文化更高的价值。此情景中的一些建筑物会非常怪异，虽然也能发挥一定作用，但是大部分会模仿当前的风尚，不会很好。有很多建筑物都不是太好。

在情景B中，现代主义的知识和美感会被建筑历史的主流所同化，将创造一种建筑设计的连续统一体，这个统一体会发展成为一种我们认为将要生活于其中的、趋势健康的形式。在过去的一百年中，诗情发展得如此艰难，它是用来促进和谐而不是激化矛盾，正像现代音乐已经超越了它最初的不和谐，回到了深奥、微妙的和谐。

情景B中的目标是打破当前的思维定势，分析当前现代主义者教条之外的、超出这些教条的思想。或者换言之，它的目标是充分冲淡建筑师非白即黑的对于现代主义优点的原教旨主义信仰，让他们接受甚至促进更大的、面向更敏感的、契合背景的建筑的体验。建筑演化的连续统一体（包括但不仅限于现代主义）会缓解城市中的对立冲突，使设计更好而不只是新颖。

一些人对情景B会感到很惊慌。撇开教条的舒适原则往回看，建筑设计其实包罗广泛；向前展望，所有人也会鼓足勇气。当设计向着不同的方向发展，会出现一段混乱期，但是这并非什么新鲜事。仅仅在一个世纪前，我们还在积极建造许多有本国特色、不同风格的建筑物：新古典主义、现代艺术、殖民地的哥特学院式、理查森罗马式、艺术和工艺、欧洲现代主义发展中的新形式以及之后美国的新现代主义。在那一时期，每个建筑师可能会为每个新的建筑委员会选择合适的风格。今天再那样做真的有什么错吗——如果我们仅仅知道如何做好它？

在近一个世纪的现代主义之后，有成功也有失败，一场实质性的变革难道不是普通建筑和城市形式的福音吗？特殊的建筑艺术会继续在天才的创造中发展，而普通建筑会给人带来和谐、舒适、愉悦，以及一座人性城市中的连贯街景。

这种态度同勒·柯布西耶把历史名城巴黎重建为现代化城市的提议大不相同！这种暴行已经被除去，和平已经建立起来，所以有功劳的"旧"建筑被尊贵地保留了下来。巴黎没有被夷为平地，然而美国的部分城市在20世纪中期被夷为平地，因为城市的更新立法破坏了成千亩的城市结构，来为新的建筑物、新的房地产价值、新的社会问题开路。在这一时期，获得当代高层住房设计奖的圣路易布鲁特·伊果的住宅被炸毁，成为建筑和社会失败的标志。因为大部分的建筑师、大学教师和学生是接受现代主义教育的第三或第四代，教条已经同信奉传统基督教者的信条一样牢固了。当你认为运动开始于工人住宅问题时，对现代主义不可调和的意识形态的再次认真检视看起来不是秩序井然吗？

此外，从我的学生时代开始，一个有用的设计术语或指导思想就已经激起了我的兴趣。因为我受的教育是要摒弃过去，所以当我第一次看到现代世界孕育了有重要意义的建筑，同时也催生了许多设计和建造优雅的普通建筑时，我必须承认我对它的发现令我困惑。但是，我们建筑师担负着探索新思想、新材料、新技术的责任，这些对我们很有用，因为最重要的是，我们必须创新和设计人们需要的新建筑种类，在这些新种类中，需要使用先进的技术：高楼、机场航站楼、医院、体育场以及其他专用设施。不过为了找到适合小型建筑物的"方言"，至少有两种可以尝试的方向。要么我们在传统的建筑材料、技术和与本地特殊的天气、历史以及技术相适应的本地形式中寻找解决方案，要么我们在当前的材料和技术之外，寻找进而发现新的具有完整性以及真实性的建设方法。弗兰克·盖里曾说："建筑物应该能代言它所处的时代和地域，同时追求永恒。"它所处时代和地域的建筑物，在逻辑上与之前在此处被理性修建的建筑物有很多共同点——有容易辨认的设计特色以及相似的材料。时代会展现在备受关注的设计决策中，这些设计决策反映了今天的建筑。

第三个问题是为了更好地服务团体以及个人，建筑师需要给公众提供更好的产品。要求更多的是需要进行改变。如果我们95%的建筑物不是建筑师设计的，大部分人一定会认为不值得在建筑师身上花费金钱、时间和精力。对于新建筑物，受市场驱动的经济是真实并且持续的，所以如果设计者想参与进去，他们必须用对于服务和公众渴望的新态度来适应市场。建筑物的高贵对于客户来说必须具有足够的价值，他（她）才乐意支付建筑师酬劳，一流的建筑师因为自己的服务得到了较高的酬劳，但是一般建筑师的酬劳要低于他们产品的价值，这些低酬劳的事实对于告诫建筑师和教育者重新检视他们当前的方向来说足够了，不但客户受教育不足，而且建筑师也不能创造出一种能让客户愿意支付其酬劳的产品。

制造一种合意的产品的阻碍，第一个原因是建筑师的大部分时间花费在了提供服务上，而这种服务得到了不合理的低酬劳。第二个原因是联邦、州、乡村和城市官僚机构的增加和管制逐渐侵蚀了建筑师的时间和资源。

建筑师花费了大量的时间设计建筑物的建设技术细节，如果他们设计时使用的是工人知道的如何去修建的传统术语，让工人只需要较少的建筑师指导的话，那么建筑师就不需要花费这么多精力。在较早的时代，例如，深受尊敬的帕拉第奥画过很多草图，工人们都知道怎样去修建，因为并非每次的建筑技术都是新的。今天，一座简单的帕拉第奥风格的建筑需要一百多张草图，而帕拉第奥本来可以需要不到十张草图。最近，当我设计墨西哥小乡村中一个传统的承重砖石结构的建筑时，我唯一需要的草图是平面图、立面图和所有内部及外部表面大比例绘制的剖面图，这样工人们就足以知道如何去修建。详细的建筑草图反而会使工人们感到困惑，而且建筑师制作这种草图太昂贵了。花费在制作成卷的建筑草图上的人力，如果用在提高产品设计上会更好。建筑师试图创造新方式来设计每座建筑物，而对于每座建筑物，这种创新都需要一系列详细的关于这一特别的"新"建筑物如何修建的说明。为了创新而创新值得吗？我曾经非常享受这一过程，但是，说真的，难道我们不是把时间用错地方了吗？

一种需要建筑师提供较少细节的建筑传统同样能减轻建筑师的一些直接责任，从而减少一些法律诉讼，在这种诉讼中，律师总是会使简单的事情复杂化，也会很快获得比建筑师更高的酬劳。如果像先前那样，一种建筑传统已经得到很好的理解，那么一些诉讼可能会避免，我们建筑师乐于发明，当然也善于发明，但这是最重要的目标吗？是的，上帝存在于细节之中，但是我们可能需要精练它们而不是为每座建筑寻找新的细节。

至于不断发展的管制控制和许可，它们的花费会很容易超过特定工程的设计和建设管理费，这种服务的一部分应该在建筑师的花费之外，花费在遵循规则的微小细节上的时间就像规则本身一样繁重，五十年以来有了什么变化呢？当时城市的建筑检查主管对我说："因为你是一位建筑师，我们不需要看你的设计图，我们认可了。"除了那些官僚机构外，多诉讼的社会和保护性的责任保险花费增加了建筑师的额外负担。

第四个主要问题是住宅主要形式的设计在建筑学教育中被忽视了，而现实是大部分人都居住在这种规范房屋里。另外，规范房屋通常都是提供给购买者良好价值的产品，但这些房屋很少是由建筑师设计的，这不只是为了节省时间和费用，还因为建筑师的设计并不需要。你会注意到建造者的房屋几乎只是怀旧方面的运用。也就是说，他们往后看，努力唤起一些传统或众所周知的风格，而不是我们这一代建筑师以及之后有想象力的人们想要并且应该有的：现代化房屋。尽管"中世纪现代风格（MCM）"在20世纪50年代的思想和形式中重新出现，但现代化房屋在当时尚未诞生。随便翻阅一下报摊上现在流行的二十种家居杂志，你就会看到消费者想要什么。房屋不是作为建筑物由建筑师来设计，而只是作为购买者发现它合意并且支付得起的产品来设计。所有这些都说明，当前的设计水平非常低，因为设计者正试图用传统的风格来设计，而没有一点相关的知识或技能，即使是在非常昂贵的房屋中。总而言之，可能被称为民众能承担得起的房屋并没有在建筑系中教给学生，虽然它们主宰了建筑市场。尽管现代主义在商业和公共建筑中被接受，但家庭建筑中几乎不需要它。这是对当今建筑的极大拒绝。

一个更肯定的描述，现代主义在继续创新，尽管有些过分，但人们发现了很多新鲜、令人兴奋的方式来利用空间和光线。它打开了新的边界。缺乏装饰（是罪恶）已经通过用不可预料的方式运用新材料（比如特殊玻璃、铜、钛和混凝土结构，通常情况下，这些就足够了）而部分地得到补偿。

　　然而，通过比较21世纪初和20世纪革命性的开端，考虑一下我们重塑建筑的可能性。你认为日常的现代主义像一百年前的新古典主义一样陈旧吗？

　　一些修正正在有序进行：

- 改变态度来促进街道中的和谐，而不是不一致。
- 重视构成和比例，而不是赞美震惊、新奇和刺耳。
- 拥护装饰艺术和街景花园，而不是践踏或与它们竞争——或只是嘲笑它们，就像我有时在学校演讲中所听到的。
- 用全球性的方式进行本地性的活动——采纳或接受有用的地区传统和术语，而不是仅仅为了新颖而赞美革新。

　　工业和思想的数字全球化能够证明国际体系是正当的，但是它不能满足我们人类的活动范围，人类的活动范围要求我们有特殊的空间并保持我们自身环境的特性。使之新颖的做法愈加不合时宜。

　　我们能够以积极的方式，通过更多地参与错综复杂的工程施工来促进建筑的发展。将建筑系统作为形式的决定因素来考虑是几十年来的目标，虽然它看似与并不存在的先进技术相关。现在的设计和建筑令人兴奋的地方之一是采用新型的或不寻常的材料，这种材料要么来自先进技术，要么来自非比寻常的自然材料，当人们发现这种材料的价格可以接受时，好比一块特别的石头、合适的玻璃制品或新的建设技术，比如新的人造预制安装建筑技术。建筑师们努力跻身前沿，作为设计者，这样的前沿性可以让他们获得很大的乐趣。一些人总是在坚持不解地寻找新的变革；一些人则在寻找发展。如果不令人厌烦，两个方向都是正当的；两个方向都处于前沿。

　　通过做一些显而易见的事情来远离前沿也没有错。你只需要做得比其他的更好！那同样可以自我满足。

　　在墨西哥，路易斯·巴拉干和里卡多·列戈瑞达大师赋予本国建筑传统以一些技巧。两位建筑师备受尊重，然而他们远离主流，即使列戈瑞达是美国建筑师协会的金奖获得者，巴拉干是被所有人敬畏的普利兹克建筑奖的得主。我想知道为什么美国大部分建筑系几乎都只以欧洲为中心，并且他们的设计价值也集中在那里。

当前，很多身处前沿的建筑师都很勤奋，如弗兰克·盖里、扎哈·哈迪德、伦佐·皮亚诺、克·乔伊和圣地亚哥·卡拉特拉瓦等。一些人在寻找建筑中一个个令人惊奇的新鲜世界，数字化设计和新的高强度的轻质材料使这个新世界变得现实可行。不幸的是，这一世界对大部分建造者并不适用。

在形象化现代建筑如何发展成一种足够强大的建筑传统，从而变成一种对每个人的典型指导的努力中，我列出了历史上我最喜欢的建筑师的名单，按照年代顺序排列在通向明天的台阶上。我们可能会选择不同谱系的建筑师作为一个合意的连续统一体，但是我选择的建筑师是这样一种谱系的，它从很多古典主义的建筑师开始，然后是罗马式的、哥特式的，接着是布鲁内莱斯基、米开朗基罗和帕拉第奥，紧接着是贝尔尼尼和波洛米尼、巴尔塔萨尔、托马斯·杰斐逊和约翰·索恩爵士，然后会是一个庞大的序列：H. H.里查德森、路易斯·沙利文、卡斯·吉尔伯特、埃利尔·沙里宁、埃罗·沙里宁、查尔斯·伊姆斯、贡纳·阿斯皮伦、阿尔瓦·阿尔托、路易斯·康、路易斯·巴拉干、约翰·伍重、查尔斯·摩尔、里卡多·列戈瑞达和伦佐·皮亚诺。在这一列表中，我还会加上那些在特别领域有巨大贡献的建筑师。例如，在美国西南部地区，我会加上哈维尔·汉密尔顿·哈里斯、奥尼尔·福特、弗兰克·韦奇、大卫·莱克和特德·弗拉多。注意，我遗漏了赖特、勒·柯布西耶和密斯，没有他们来形象化建筑物，看一下会变成怎样的景象。我感到继续这一系列的设计思想会很合适。可能它会做一些合适的设计指导，每个能工作的人都可以提供合适的设计指导。

对于狂热的建筑爱好者和学生，这样一个谱系的研究可能会提供一个学习并将这一谱系应用到未来的框架。学习这些独特的建筑师，将他们作为模范来评价，并决定哪些建筑师应该被选择包括在这一谱系中，是很有用的学习体验。研究你选择的设计哲学体系，可能会帮助你发现能提供我们所追求的指导的范例。95%的建筑物会很不同吗？

在这一方面，建筑师威廉姆·腾布尔在他对我的地域性建筑师列表中的两位建筑师的评论中给了我们一些智慧："莱克和弗拉多的建筑对我们每个人来说都是一种经验：建筑物怎样矗立在太阳下，怎样迎接寒风，怎样同植物材料相结合。没有夸张或怪异的东西，没有炫目的时尚焰火，仅仅是激起思想、愉悦和精神的建筑，以其雅致的细节和简洁使人眼前一亮。永恒的建筑不需要喊叫。"

任何新的范例都想包容多元化并能忍受所有的不适当。对我来说，一个指导性的例子或典型会包含很多不一致的特征：简单化和复杂化、典雅和离奇、浪漫和效用、真实性和讽刺、永恒和新鲜、违背重力的形式和朴实的坚固性、自然材料和人造材料、旧形式和新形式、本土的材料形式和国际的材料形式。由这些成分组成的艺术会受益于设计工作室对古代的、古典的、历史的和传统的风格的学习，还有现代主义的设计方法论。我们所探求的建筑会作为现代主义的发展而呈现，带来了历史的美学价值以及使它兴奋的新领域。新的范例会为想要提高自己设计水平的非建筑师提供例证指导。可能一些人会创作出规划著作，这些著作同在20世纪中所使用的那些一样在建筑上有效。

成功依赖于我们对每座单独的建筑物如何同城市规划的复杂结构中的其他事情相关联的态度。如果能够使建筑物继续矗立在街道中，公共开放空间有着富有思想性的设计，那么城市会更加宜居。

也许最重要的是新的建筑学教育课程，可能不仅要研究建筑史，还要开始对设计工作室作历史风格方面的指导。这点在几代建筑师中都没有出现；但是，今天一些伟大的音乐家都受过古典教育，甚至是顶级的爵士乐音乐家。古典培训可能会被看作是异端，但是还要继续读下去。我在同一位杰出的同事迈克尔·本尼迪克特的对话中，建议建筑学课程应该从古典培训开始，类似于早期现代主义者所体验的美学艺术培训，这种培训会提供比例、组合、形式、修饰和古典主义的精确方面的基本训练。"我同意，那很关键。"他说，然后他又说道："但是有一点比你的更好，从学习史前的、粗糙的、不成体系的建筑方法和本土的案例以及混合的术语开始设计教学系列。"伟大的想法！我想。毕竟仍然依赖于简单材料和基本建设的第三世界最初的建设品质，在空间和光照、房门和屋顶形状、结构和形式，还有富有表现力的装饰方面，为人们提供了意想不到的愉悦。

另外，我认为我们应该认真填补我们在亚洲建筑传统方面学习的空白。我们对日本、中国、印度、伊朗和土耳其的建筑认识很少。三个背景——古典的、原始的和亚洲的——最多是在建筑学教育中简单地学习过，它们可以成为开始对我们当前设计方向进行重估的一种方式。这一课程会帮助设计者在历史风格中更明智、更艺术地工作，很多建筑师尝试运用这些历史风格，但因为缺少训练而鲜有成功。这些历史风格可以提升充满街道的普通建筑物的质量，也不会妨碍有意义的新建筑的设计载入未来的历史课本中。

　　一些建筑系承认拓展他们的方法的必要性，除了现代主义外，还讲述古典主义，甚至有些排外的仅讲授古典主义。都柏林大学在它的正规课程中有全年的古典设计。巴黎圣母院大学在设计教学中主要教授传统的和古典的建筑学，有一年还在它的罗马校区上课。在英国，因为缺乏可用的训练，菲利普王子专门成立了一个建筑项目来教授古典建筑学。在美国，新成立的古典建筑学会，拥有用于艺术基金的国家捐赠以及1500个成员，正在提供古典主义方面的课程，也教授乔治式和古希腊复兴、工艺美术、哥特复兴以及木瓦风格。再说一遍，扩展我们对世界另一端的建筑的学习会促进我们的思考。大学课程总是在变化，更多的学校可能会考虑拓展它们在历史风格中培训建筑师的方法，而由于缺少培训，历史风格

卡比托利欧广场。米开朗基罗，罗马，始于1538年。

在今天没有被恰当地教授。

建筑学的学习总会将建筑物从环境中抽离出来——就是说，它将建筑物作为一种独立于背景和功能的艺术目标来看待。在学校、会议室和出版物中会发现这一狭隘的观点。建筑目标可能是最主要的部分，然而，事实是街景、城市背景和发挥作用的建筑内部空间构成了建筑目标的全部。一种新的课程将包括对这些规则的综合学习，这些规则是作为协作的基础。

艺术和科学必须不断前进，才能造福社会。前进是智力确认积极变化的唯一方式。如果我们相信其他时代的建筑比今天的建筑更出众，我们可能是正确的，但是我们不能以任何一种正当的理由倒退回过去。回到过去不是一种选择。那么我们的艺术如何进步呢？一段文艺复兴、一段启蒙运动或一段新的宣言可能都会起作用，当然，当我们在等待的时候，我们可能会重新思考我们的设计价值。

很多建筑师的导师——注重实例的奥尼尔·福特曾问："什么时候某一学校的某一老师会明白他（她）必须教授建筑学的全部内容，因为它在成长、繁盛、衰败，有些时候结果会谦逊而美丽，有些时候会浮华而美丽，有些时候很灿烂甚至艰难地设计出来——或者有些时候，在本土环境中，仅仅是成熟的？"

坐在我们曾经修建的圣米格尔的一座房子的藏书室中，我体会到了一些熟悉的本国形式、西班牙-摩尔式-墨西哥式的影响，现代主义的感觉无处不在；它看起来恰到好处。

正确的设计方向——把建筑物作为一个合意的产品放在最重要的位置的方向，会在一个人创作出非比寻常、令人惊讶、合适并且被我们很多人所喜爱的建筑时出现，而这一方向会成为新方向的里程碑。

有思想的建筑师、见多识广的非建筑师以及善意的客户能使广泛的建筑重新繁荣起来。使建筑成为更合意的产品会提升建筑的艺术和市场价值。而市场的成功又会促使人们建造更多的建筑。非建筑师创造建筑物的可能性会增大，因为他（她）变得见多识广。当那些建造者追求的是创造建筑作品而非建筑物，并且致力于使其获得成功时，建筑作品的创作会取得更大的成功。

阅读书目

你读的书越多，知道的事情就越多。你学的东西越多，想去的地方就越多。

——西奥多·瑟斯·吉萨博士（1904—1991），美国著名儿童文学作家

图书

Ackerman, James. *Palladio*. New York: Penguin Books, 1966.

Alberti, Leon Battista. *The Ten Books of Architecture*. The 1755 Leoni edition. New York: Dover, 1986.

Alexander, Christopher. *Pattern Language.*New York: Oxford University Press, 1977.

——. *The Timeless Way of Building*. New York: Oxford University Press, 1979.

Alofsin, Anthony. *The Struggle for Modernism*. New York: W. W. Norton, 2002.

——. *Frank Lloyd Wright, Architect*. New York: Museum of Modern Art, 1994.

Andrews, Peter, et al. *The House Book*. New York: Phaidon Press, 2001.

Andrews, Wayne. *Architecture, Ambition and Americans*. New York: Free Press, 1964.

Arendt, Randall. *Rural by Design*. Chicago: American Planning Association, 1994.

Attoe, Wayne, et al. *The Architecture of Ricardo Legorreta*. Austin: University of Texas Press, 1990.

Bachelard, Gaston. *The Poetics of Space: The Classic Look at How We Experience Intimate Places*. Boston: Beacon Press, 1964.

Bacon, Edmond N. *Design of Cities*. Revised edition. New York: Viking Press, 1967.

Baker, Geoffrey. *Le Corbusier—The Creative Search: The Formative Years of Charles Edouard Jeanneret*. New York: Van Nostrand Reinhold, 1996.

Benedikt, Michael. *For an Architecture of Reality*. New York: Lumen Books, 1987.

——. *Deconstructing the Kimbell*. New York: Lumen Books, 1991.

Blake, Peter. *The Master Builders*. New York: Norton, 1996.

——. *Form Follows Fiasco: Why Modern Architecture Hasn't Worked*. Boston: Little, Brown, 1974.

Blumenson, John J. G. *Identifying American Architecture: A Pictorial Guide to Styles and Terms, 1600-1945*. Nashville: American Association for State and Local History, 1990.

Box, John Harold, et al. *Prairie's Yield: Forces Shaping Dallas Architecture 1840-1962*. New York: Reinhold, 1962.

Busch, Akiko. *Geography of Home: Writings on Where We Live*. New York: Princeton Architectural Press, 1999.

Brunskill, R. W. *Illustrated Handbook of Vernacular Architecture*. London: Faber and Faber, 1971.

Calthorpe, Peter. *The Next American Metropolis*. New York: Princeton Architectural Press, 1993.

Cambell, Joseph, with Bill Moyers. *The Power of Myth*. Edited by Betty Sue Flowers. New York: Doubleday, 1988.

Caragonne, Alexander. *The Texas Rangers: Notes from an Architectural Education*. Cambridge: MIT Press, 1995.

Carter, Peter. *Mies van der Rohe at Work*. New York: Prager, 1973.

Caudill, William Wayne. *The TIBS of Bill Caudill*. Houston: Cathers Press, 1984.

——, with W. M. Pena and Paul Kennon. *Architecture and You: How to Experience and Enjoy Buildings*. New York: Whitney Library of Design and Watson-Guptill, 1978.

Chuen, Lam Kam. *Feng Shui Handbook*. New York: Henry Holt, 1996.

Collins, George R., and Christiane Collins. *Camillo Sitte: The Birth of Modern City Planning*. New York: Rizzoli, 1986.

Dean, Andrea Oppenheimer. *Rural Studio: Samuel Mockbee and an Architecture of Decency*. New York: Princeton University Press, 2002.

Dillon, David. *O' Neil Ford: Celebrating Place*. Austin: University of Texas Press, 1999.

Drexler, Arthur. *Mies van der Rohe*. New York: G. Braziller, 1960.

Easterling, Keller. *American Town Plans*. New York: Princeton Architectural Press, 1993.

Edwards, Betty. *Drawing on the Right Side of the Brain*. Los Angeles: J. P. Tarcher, 1978.

Fleming, John, Hugh Honour, and Nikolaus Pevsner. *The Penguin Dictionary of Architecture*. London: Penguin Books, 1966.

Fletcher, Sir Banister, with Dan Cruickshank. *A History of Architecture on the Comparative Method*. 20th ed. Oxford: Architecture Press, 1896–2002.

Fluckinger, Dan, et al. *Lake-Flato*. Rockport, Mass: Rockport Publishers, 1996.

Frampton, Kenneth. *Modern Architecture*: *A Critical History*. New York: Oxford University Press, 1980.

Garreau, Joel. *Edge City*: *Life on the New Frontier*. New York: Doubleday, 1998.

George, Mary Carolyn Hollers. *O' Neil Ford, Architect*. College Station: Texas A&M University Press, 1992.

Germany, Lisa. *Harwell Hamilton Harris*. Austin: University of Texas Press, 1991.

Gideon, Sigfried. *Space, Time and Architecture*. Cambridge: Harvard University Press, 1941.

Goodman, Robert. *After the Planners*. New York: Simon and Schuster, 1971.

Goodwin, Philip L. *Brazil Builds*. New York: Museum of Modern Art, 1943.

Gropius, Walter. *Scope of Total Architecture*. New York: Harper and Row, 1955.

Hale, Jonathan. *The Old Way of Seeing*. Boston: Houghton Mifflin, 1994.

Hall, Edward T. *The Hidden Dimension*. New York: Doubleday, 1966.

Hall, Edward T., and Michael Hays. *Architecture Theory Since 1968*. Cambridge: MIT Press, 1998.

Halprin, Lawrence. *Cities*. Cambridge: MIT Press, 1963.

Henry, Jay C. *Architecture in Texas*. Austin: University of Texas Press, 1993.

Jackson, John Brinckerhoff. *Discovering the Vernacular Landscape*. New Haven: Yale University Press, 1984.

Jacobs, Jane. *The Death and Life of Great American Cities*. New York: Alfred A. Knopf, 1961.

Joy, Rick. *Rick Joy*: *Desert Works*. Princeton: Princeton University Press, 2001.

Katz, Peter. *The New Urbanism*: *Toward an Architecture of Community*. New York: McGraw-Hill, 1994.

Keim, Kevin. *An Architectural Life*: *Memoirs and Memories of Charles W. Moore*. Boston: Bulfi nch Press, 1996.

——. *Placenotes*: *Guides for Austin, Houston, San Antonio, and Santa Fe*. Austin: University of Texas Press, 2005.

Kidder, Tracy. *House*. Boston: Houghton Mifflin, 1985.

King, Ross. *Brunelleschi's Dome*. New York: Walker and Company, 2000.

Kostof, Spiro. *The City Shaped*: *Urban Patterns and Meanings through History*. Boston: Bulfi nch Press, 1991.

——. *A History of Architecture*: *Settings and Rituals*. New York: Oxford University Press, 1995.

Krieger, Alex, et al. *Duany, Andres and Elizabeth Plater-Zyberk*: *Towns and TownMaking Principles*. Cambridge: Harvard GSD, 1991.

Krier, Rob. *Architectural Composition*. New York: Rizzoli, 1988.

Kunstler, James Howard. *Home from Nowhere*. New York: Simon and Schuster, 1996.

Langdon, Philip. *American Houses*. New York: Stewart, Tabori and Ching, 1987.

——. *A Better Place to Live*: *Reshaping the American Suburb*. New York: Harper Collins, 1994.

Lawlor, Robert. *Sacred Geometry*. London: Thames and Hudson, 1982.

——. *The Temple in the House*. New York: G. P. Putnam's Sons, 1994.

Ledoux, De C. N. *L'Architecture*. Paris: Lenoir, 1804. Reprint, Princeton Architectural Press, 1983.

Lewis, Roger K. *Architect? A Candid Guide to the Profession*. Cambridge: MIT Press, 1985.

Lynch, Kevin. *The Image of the City*. Cambridge: MIT Press, 1960.

Lyndon, Donlyn, and Charles W. Moore. *Chambers for a Memory Palace*. Cambridge: MIT Press, 1994.

Marcus, Clare Cooper. *House as a Mirror of Self: Exploring the Deeper Meaning of Home*. Berkeley: Conari Press, 1997.

McAlester, Virginia, and Lee McAlester. *A Field Guide to American Houses*. New York: Alfred A. Knopf, 2003.

McCarthy, Muriel Quest. *David R. Williams*: *Pioneer Architect*. Dallas: SMU Press, 1984.

McHarg, Ian L. *Design with Nature*. New York: Doubleday, 1969.

Marshall, Alex. *How Cities Work*: *Suburbs, Sprawl, and the Roads Not Taken*. Austin: University of Texas Press, 2000.

Miles, Mike, et al. *Real Estate Development*; *Principles and Process*. Washington: Urban Land Institute, 1966.

Mollison, Bill. *Permaculture*: *A Designer's Manual*. Tyalgum, Australia: Tagari, 1988.

Moore, Charles, with Gerald Allen and Donlyn Lyndon. *Place of Houses*. New York: Holt, Reinhart and Winston, 1974.

——, with Kent C. Bloomer. *Body, Memory, and Architecture*. New Haven: Yale University Press, 1977.

——, with Gerald Allen. *Dimensions*. New York: McGraw Hill, 1976.

Mumford, Lewis. *The Culture of Cities*. New York: Harcourt, Brace, 1938.

Myrvang, June Cotner, and Steve Myrvang. *Home Design Handbook*. New York: Henry Holt, 1992.

Necipoglu, Gulru, et al. *The Age of Sinan*: *Architectural Culture in the Ottoman Empire*. Princeton University Press, 2005.

Norberg-Schulz, Christian. *Genius Loci*: *Towards a Phenomenology of Architecture*. New York: Rizzoli, 1984.

——. *Meaning in Western Architecture*. New York: Rizzoli, 1980.

——. *The Concept of Dwelling*: *On the Way to a Figurative Architecture*. New York: Electra-Rizzoli, 1984.

Oliver, Paul. *Dwellings*: *The House across the World*. Austin: University of Texas Press, 1987.

Paine, Robert Treat, and Alexander Soper. *The Art and Architecture of Japan*. Baltimore: Penguin Books, 1975.

Pelli, Cesar. *Observations for Young Architects*. New York: Monacelli Press, 1999.

Pevsner, Nikolaus. *Outline of European Architecture*. London: Pelican Books, 1943.

Pollan, Michael. *A Place of My Own*: *The Education of an Amateur Builder*. New York: Random House, 1997.

Pope, Arthur Upham. *Introducing Persian Architecture*. Shiraz: Asian Institute, Pahlavi University, 1969.

Pratt, James R. *Dallas Visions for Community*. Dallas: Dallas Institute, 1992.

Ramsey, C. G., and Harold Sleeper. *Architectural Graphic Standards*. 3d ed. New York: John Wiley, 1941.

Rasmussen, Steen Eiler. *Experiencing Architecture*. Cambridge: MIT Press, 1959.

Roman, Antonio, Eero Saarinen. *An Architecture of Multiplicity*. New York: Princeton Architectural Press, 2003.

Rowe, Colin, Alexander Caragonne, et al. *As I was Saying*: *Recollections and Miscellaneous Essays*. Cambridge: MIT Press, 1995.

Rowland, Benjamin. *The Art and Architecture of India*: *Buddhist*, *Hindu*, *Jain*. Baltimore: Penguin Books, 1967.

Rudofsky, Bernard. *Architecture Without Architects*, *A Short Introduction to Non-Pedigreed Architecture*. Albuquerque: University of New Mexico Press, 1964.

——. *Streets for People*. New York: Doubleday, 1964.

——. *The Prodigious Builders*. New York: Harcourt Brace Jovanovich, 1977.

Ruskin, John. *The Seven Lamps of Architecture*. 1848. Reprint. New York: Dover, 1989.

Rybczynski, Witold. *Home: A Short History of an Idea*. New York: Viking Penguin, 1986.

——. *Most Beautiful House in the World*. New York: Viking, 1986.

——. *The Look of Architecture*. New York: Oxford University Press, 2001.

——. *The Perfect House*: *A Journey with the Renaissance Master Andrea Palladio*. New York: Scribner, 2002.

Saito, Yutaka. *Luis Barragán*. Mexico, D.F.: Noriega Editores, 1992.

Scully, Vincent J. *The Shingle Style and the Stick Style*. New Haven: Yale University Press, 1971.

Serlio, Sebastiano. *The Five Books of Architecture*: *An Unabridged Reprint of the English Edition of 1611*. New York: Dover, 1982.

Stern, Robert A. M., and Raymond Gastil. *Modern Classicism*. New York: Rizzoli, 1988.

Sturgis, Russell. *Architectural Sourcebook*. New York: Van Nostrand Reinhold, 1984.

Sullivan, Louis. *The Autobiography of an Idea*. 1924. Reprint. New York: Dover, 1956.

Summerson, John. *The Classical Language of Architecture*. Cambridge: MIT Press, 1963.

Susanka, Sarah, and Kita Obloensky. *The Not So Big House*. Newtown, Conn.: Taunton Press, 1998.

Taut, Bruno. *Houses and People of Japan*. The Sanseido Co., 1938.

Thoreau, Henry David. *Walden*. Boston: Houghton Miffl in, 1995.

Toman, Rolf. *Romanesque Architecture*, *Sculpture*, *Painting*. Cologne: Konemann, 1997.

Tunnard, Christopher, and Henry Hope Reed. *American Skyline*. New York: Houghton Mifflin, 1953.

Tzonis, Alexander. *Critical Regionalism*: *Architecture and Identity in a Globalized World*. Munich: Prestel Verlag, 2003.

Unwin, Raymond. *Town Planning in Practice*. 1905. Revised edition. New York: Princeton Architectural Press, 1994.

Utzon, Jørn, et al. *Jørn Utzon*: *The Architect's Universe*. Humlebaek, Denmark: Louisiana Museum of Modern Art, 2006.

Van Hensbergen, Gijs. *Gaudí*. London: HarperCollins, 2001.

Venturi, Robert. *Complexity and Contradiction in Architecture*. New York: Museum of Modern Art, 1966.

Vitruvius Pollio, Marcus. *The Ten Books on Architecture*. Translated by Morris Hickey Morgan in 1914 from the ca. 50 BC text. New York: Dover, 1960.

Walker, Theodore. *Site Design and Construction Detailing*. Lafayette, Ind.: PDA Publishers, 1978.

Ware, William R. *The American Vignola*: *A Guide to the Making of Classical Architecture*. New York: W.

W. Norton, 1977.

Williamson, Roxanne. *The Mechanics of Fame*. Austin: University of Texas Press, 1991.

Wolf, Tom. *Bauhaus to Our House*. New York: Farrar, Straus and Giroux, 1981.

Wrede, Stuart. *The Architecture of Erik Gunnar Asplund*. Cambridge: MIT Press, 1980.

视频

Frozen Music. (The building of I. M. Pei's concert hall in Dallas.) Producer, Director, Photographer: Ginny Martin. Dallas: PBS-KERA, 1990.

The Los Angeles Symphony Inaugurates Walt Disney Concert Hall (Frank Gehry, Architect), PBS Great Performances, 2003.

参观列表

我理想中的天堂就是，轿车以每小时30英里的速度行驶在平坦的大道上，直通向12世纪的大教堂。

——亨利·詹姆斯（1843—1916），美国作家、评论家、剧作家

下面列出的建筑和城市广场将为你的记忆库丰富经历和体验。这个简短的清单列出了美国和墨西哥的地点，以及世界其他留给人类的宝贵建筑财富的地点。当你在旅游中寻找这些经典建筑，或者当你在图书馆和网络上钻研关于每个建筑师或特定时代、区域和地方的建筑理论的专著时，这个清单还有数以百计的不足需要补充。

美国

美国东海岸

哥伦比亚广播公司大楼，埃罗·沙里宁，纽约市西52街51号，1964年

流水别墅，弗兰克·劳埃德·赖特，宾夕法尼亚州匹兹堡市东南郊熊溪，1934，1938，1948年

美国大中央车站，里德和斯特恩、沃伦和维特莫尔，纽约市，1904—1913年

古根海姆博物馆，弗兰克·劳埃德·赖特，纽约市第五大街，1956—1959年

高级艺术博物馆，理查德·迈耶，佐治亚州亚特兰大市，1983年

约翰逊住宅（玻璃住宅），菲利普·约翰逊，康涅狄格州纽卡纳安市，1949年

蒙蒂塞洛庄园，托马斯·杰斐逊，弗吉尼亚州夏洛茨维尔市，1770—1809年

摩根图书馆，麦基姆、米德、怀特，纽约市东三十六街29号，1910年

费城大学理查兹医学研究大楼，路易斯·康，宾夕法尼亚州费城，1961年

西格拉姆大厦，密斯·凡·德·罗、菲利普·约翰逊，纽约市公园大街375号，1958年

三一教堂，亨利·霍布森·理查德森，马萨诸塞州波士顿市，1877年

弗吉尼亚大学"学院村"、草地、圆形大厅，托马斯·杰斐逊，弗吉尼亚州夏洛茨维尔市，1817—1826年

渥尔沃斯大厦，卡斯·吉尔伯特，纽约市百老汇233号，1913年

耶鲁大学英国艺术中心，路易斯·康，康涅狄格州纽黑文市，1974年

得克萨斯

建筑与规划图书馆的战役大厅，卡斯·吉尔伯特，得克萨斯大学校园，奥斯汀，1911年

树林中小教堂，奥尼尔·福特、阿驰·斯旺克，登顿县，1939年

查尔斯·穆尔研究中心广场，查尔斯·穆尔、阿瑟·安德森，夸里路2102号，1985年

得克萨斯州商品交易会广场，达拉斯市，1936年

休斯敦艺术博物馆，威廉·沃德·沃特金斯（1924）、密斯·凡·德·罗（1958）、拉斐尔·莫尼欧，2000年

得克萨斯州沃斯堡金贝尔博物馆，路易斯·康，福特沃斯市鲍伊大道坎普333号，1971年

迈耶尔逊交响乐团中心，贝聿铭、柯布西耶、弗雷德与合作者，达拉斯市，1989年

现代美术博物馆，安藤忠雄，福特沃斯市，2002年

纳希尔雕塑美术馆，伦佐·皮亚诺、彼得·沃克，达拉斯市，2003年

彭佐尔公司办公大楼，菲利普·约翰逊、约翰·波吉，休斯敦市路易斯安那路711号，1976年

Rachofsky住宅，理查德·迈耶，达拉斯市普雷斯顿路，1996年

圣何塞传教站，建筑师不详，圣安东尼奥市，1720—1782年

艾玛纽尔犹太礼拜堂，霍华德·迈耶尔、威廉·沃斯特，达拉斯市，1957年

三一大学总体规划和建筑，奥尼尔·福特，圣安东尼奥市，1948—1978年

美国中部

国家大气研究中心，贝聿铭，科罗拉多州博尔德市，1961—1967年

克莱恩布鲁克高中，埃列尔·萨里宁，密歇根州布龙菲尔德丘陵，1925—1942年

约翰逊制蜡大厦，弗兰克·劳埃德·赖特，威斯康星州拉辛市，1936—1944年

梅萨维德悬崖住房，建筑师未知，科罗拉多州科特斯市，11—13世纪

蒙纳德诺克大厦，伯纳姆与鲁特，伊利诺伊州芝加哥市，1983年

普莱斯大厦，弗兰克·劳埃德·赖特，俄克拉何马州巴特尔斯维尔市，1937年以前

西塔里埃森学园，弗兰克·劳埃德·赖特，亚利桑那州斯科茨代尔市，1937年

美国克朗教堂，杰伊·琼斯，阿肯色州尤里卡斯普林斯，1980年

联合教堂，弗兰克·劳埃德·赖特，橡树公园，伊利诺伊州芝加哥市，1906年

美国西海岸

埃姆斯住宅，查理斯·埃姆斯，加利福尼亚州太平洋巴利塞德，1945年

花园格罗夫教会，菲利普·约翰逊，加利福尼亚州洛杉矶市，1978—1980年

金门大桥，约瑟夫·施特劳斯，加利福尼亚州旧金山市，1937年

索尔克研究中心，路易斯·康，加利福尼亚州拉霍亚，1959—1966年

俄勒冈大学科学园区，查理斯·穆尔、穆尔·鲁布尔·尤戴尔，俄勒冈州尤金市，1985年

海上牧场，穆尔、林登、特恩布尔、惠特克、劳伦斯·哈尔普林（景观建筑师），加利福尼亚州门多西诺海岸，1965年

墨西哥

路易斯·巴拉干故居，路易斯·巴拉干，墨西哥城塔库巴亚，1947年

奇琴伊察，建筑师未知，尤卡坦州近梅里达，200—900年

卡米诺里尔酒店，里卡多·列戈瑞达，坎昆，1975年

墨西哥国家人类学博物馆，佩德罗·拉米雷斯·瓦斯奎兹，墨西哥城，1963年

圣多明哥，建筑师不详，瓦哈卡州瓦哈卡市，大约1550年

瓜纳华托镇，16世纪以前

帕茨瓜罗镇，米却肯州，16世纪以前

圣米格尔德阿耶兰德镇，瓜纳华托镇，16世纪以前

图卢姆及附近地区，建筑师不详，靠近科苏梅尔岛，大约1200年

乌斯马尔建筑群，建筑师不详，尤卡坦州近梅里达，600—900年

欧洲各国

亚琛大教堂，建筑师不详，德国亚琛，792—805年

阿兰布拉宫，建筑师不详，西班牙格拉那达，1248—1354年

阿尔特博物馆，卡尔·弗里德里希·申克尔，德国柏林，1830年

巴塞罗那世界博览会德国馆，密斯·凡·德·罗，西班牙巴塞罗那，1928年建成，1930年拆除，1959年重建

卡比托利欧广场、卡比托利欧山，米开朗基罗，意大利罗马，16世纪中期

坎波沃兰汀步行桥，圣地亚哥·卡拉特拉瓦，西班牙毕尔巴鄂，1997年

巴塞罗那米拉之家，安东尼奥·高迪，西班牙巴塞罗那，1910年

蓬皮杜中心，理查德·罗杰斯、伦佐·皮亚诺，法国巴黎，1976年

拉图雷特修道院，勒·柯布西耶，法国里昂附近的艾布舒尔阿布雷伦，1957—1960年

佛罗伦萨大教堂，阿诺尔福·迪·坎比奥，圆顶由布鲁内莱斯基设计，从13世纪开始

达勒姆大教堂，威廉·圣·卡瑞勒夫，英国达勒姆，1019年

埃菲尔铁塔，古斯达夫·埃菲尔，法国巴黎，1887年

爱因斯坦天文台，埃里克·门德尔松，德国波茨坦，1921年

维托里奥埃马努埃莱二世长廊，朱泽培·门戈尼，意大利米兰，1861年

沙特尔、兰斯、波维、亚眠、巴黎的哥特式教堂，建筑师不详，11—14世纪

古希腊帕斯顿姆波赛顿神庙，建筑师不详，意大利靠近那不勒斯的地方，公元前650—前200年

古根海姆美术馆，弗兰克·盖里，西班牙毕尔巴鄂，1997年

埃尔米塔日博物馆，弗兰切斯科·巴尔托洛梅奥杜·拉斯特雷利，俄罗斯圣彼得堡，1762年

朗香教堂，勒·柯布西耶，法国东部索恩地区的浮日山区，1955年

凡尔赛宫，安德烈·勒诺特、路易斯·勒沃、朱尔斯·哈杜因-曼萨尔、查尔斯·勒布伦、罗伯特·德科特、安吉-詹克斯·巴格里尔，法国巴黎西南郊，1661—1714年

万神殿，先由阿戈利巴建造，后由哈德里安建造，意大利罗马，118—126年

巴黎歌剧院，查尔斯·加尼尔，法国巴黎，1857—1874年

帕特农神庙，伊克梯诺、卡里克利特，希腊雅典，公元前447年以前

帕奇教堂，布鲁内莱斯基，意大利佛罗伦萨，1461年

圣彼得广场，乔凡尼·洛伦佐·贝尼尼，梵蒂冈，1656—1667年

古罗马城市广场，建筑师多人，意大利罗马，公元前100—公元300年

卡昂、阿尔比、吕克尼、阿尔勒的罗马式教堂，建筑师不详，6—12世纪

圣家族教堂，安东尼奥·高迪，西班牙巴塞罗那，1882年及以后续建

圣教堂，建筑师不详，法国巴黎，1246年

罗马四喷泉圣卡罗教堂，弗朗西斯科·波洛米尼，意大利罗马，1638—1641年

圣乔治马焦雷教堂，安德烈亚·帕拉第奥，意大利威尼斯，1580年

圣米尼亚托教堂，建筑师不详，意大利佛罗伦萨，11—14世纪

圣索菲亚大教堂，查士丁尼一世和米利都的伊西多尔、特拉勒斯的安提莫斯，土耳其伊斯坦布尔，563年

圣巴索大教堂，建筑师不详，俄罗斯莫斯科，1560年

联合住宅，勒·柯布西耶，法国马赛，1952年

卡普拉别墅或维琴察圆厅别墅，安德烈亚·帕拉第奥，意大利维琴察，1571年

萨伏伊别墅，勒·柯布西耶，法国普瓦西，1928—1929年

维斯朝圣教堂，约翰·齐默尔曼、多米尼克斯·齐默尔曼，德国维斯靠近慕尼黑，1754年

亚洲各国

吴哥窟，建筑师不详，柬埔寨，大约公元800—1200年

法塔赫布尔西格里，建筑师不详，印度北方邦阿格拉，1571—1585年

故宫，建筑师不详，中国北京，1420年

元大都，建筑师不详，中国北京，1279—1420年

伊势神宫，建筑师不详，日本伊势，690年，每隔20年重建一次

桂离宫，小堀远州，日本京都，大约1650年

美秀博物馆，贝聿铭，日本志贺，1991年

伊斯法罕皇家广场，建筑师不详，伊朗伊斯法罕，大约1500年

泰姬陵，沙·贾汗，印度阿格拉，1630—1653年

图片来源

本书中所使用的图片和照片，如无特殊说明，均由笔者提供。

Page 9. © Kim Seidl. Courtesy of iStock-Photo.com.

Pages 17 (*top left*), 99, 113 (*top*) and 125. © Pratt, Box, and Henderson. Courtesy of the author.

Page 19 (*top*). © U.S. National Park Service, 1953, U.S. Library of Congress, Prints and Photographs Division, "Built in America" Collection. Courtesy of Wikipedia.org.

Page 20. © Seville Tourism Bureau. Courtesy of Wikipedia.org.

Pages 24 and 41. © Lawrence Speck. Courtesy of Lawrence Speck.

Pages 28 and 113 (*bottom*). © James Pratt. Courtesy of the author.

Page 33. © Liao Yusheng. Courtesy of www.liaoyusheng.com.

Page 40 (*top*). © Blake Alexander. Courtesy of Drury Blakeley Alexander Collection, The Alexander Architectural Archive, The University of Texas Libraries, The University of Texas at Austin.

Page 40 (*bottom*). © João Saraiva. Courtesy of iStockPhoto.com.

Pages 43 (*top*), 45, 58, 119, and 155. © Larry Doll. Courtesy of Larry Doll.

Page 47. Public domain. Courtesy of Wikipedia.org.

Page 48. © H. H. Harris. Courtesy of Harwell Hamilton Harris Collection, The Alexander Architectural Archive, The University of Texas Libraries, The University of Texas at Austin.

Page 50. © Cactus Yearbook 1955. Courtesy of John Foxworth, University of Texas at Austin Student

Publications.

Pages 54, 56 (*bottom*), and 204. © Sinclair Black, FAIA. Courtesy of Sinclair Black.

Page 60. © Kevin Connors. Courtesy of Morguefile.com.

Page 56 (*top*). Corbis Royalty Free Photograph. Courtesy of Fotosearch.com.

Page 59. © T. Canaan. Courtesy of Wikipedia.org.

Page 60. © Paul Hester. Courtesy of Lake Flato Architects.

Page 61 (*top*). © Pete Nicholls. Courtesy of photographersdirect.com.

Page 63. © Rick Joy. Courtesy of Rick Joy Architects.

Page 69. © D. Norman. Courtesy of The Visual Resources Collection, School of Architecture, University of Texas at Austin.

Page 77. © Hedrich-Blessing. Courtesy of The Hal Box Collection, The Alexander Architectural Archive, The University of Texas Libraries, The University of Texas at Austin.

Page 89. © Debbie Sharpe. Courtesy of The Visual Resources Collection, School of Architecture, The University of Texas at Austin.

Pages 92 and 95. © Charlotte Pickett. Courtesy of The Visual Resources Collection, School of Architecture, The University of Texas at Austin.

Page 100. © Bill Cox. Courtesy of the author.

Page 112. © Sarah Hill. Courtesy of Sarah Hill.

Page 117. © Dan Smith. Courtesy of Wikipedia.org.

Page 120. © Phillipa Lewis, edificephoto.com. Courtesy of photographersdirect.com.

Page 124. © Balthazar Korab. Courtesy of Balthazar Korab Ltd.

Pages 149 and 162 (*left and right*). © Greg Hursley. Courtesy of Greg Hursley.

Page 157. © Jeff Gynane. Courtesy of Wikipedia.org.

Page 176. From Giacomo Barozzi da Vignola, The Regular Architect (London: Rowland Reynolds, 1669).

Page 211 (*top*). © Glenn Frank. Courtesy of iStockPhoto.com.

Page 215. © Pratt, Box, and Henderson. Courtesy of Hal Box Collection, The Alexander Architectural Archive, The University of Texas Libraries, The University of Texas at Austin.

致 谢

　　写作本书带给我的感受是快乐，因为有许多朋友帮助过我。在此我要对那些来到圣米格尔帮助我完成这项工作的朋友们致以衷心的感谢：我要感谢比尔维特利夫，是他最早鼓励我，并且坐在花园中的长凳上对我进行指导；我要感谢约翰·林特布尔，他给予我宝贵的鼓励，并且在指导我写"平台屋顶"这部分内容时倾注了大量心血，他还给我发了热情洋溢的邮件；我要感谢贝蒂·休·弗劳尔，在我写作"门廊"这部分内容时，她贡献了自己的智慧，帮我阐明了写作理念并且把混乱不清的思路条理化、系统化；我要感谢约翰·麦克劳德，当我们在海滩度假时，他对我的初稿进行了修改并使之更加精练。我更要感谢奥斯汀的朋友们，他们无私地贡献出自己的宝贵时间和聪明才智，使我能够始终沿着正确的方向前行：我要感谢安东尼·埃尔夫森，他指导并修正了我的历史观；我要感谢迈克尔·本尼迪克，多年来他的帮助让我开阔了眼界、增长了见识，而且在写作的最后阶段他一直鼓励我；我要感谢艾登·鲍克斯，她是与我风雨同舟30年的妻子，也是家里的编辑，如果对我的书稿不甚满意或者觉得比较精彩，她都会对我提出批评或者鼓励；我要特别感谢乔安妮和汤姆斯·布拉特，我们已经一起合作共事了50年，他们仔细地阅读了我的书稿，并且在细节和哲学方面提出了他们的真知灼见。

在书稿的收尾阶段，我得到了建筑系的鼎力支持，在此我要感谢萨拉希尔，她提供了部分插图，并允许我引用相关资料，这对我最后完成此书帮助很大；我要感谢拉克尔·埃利桑多，在我需要的时候他总能伸出援助之手；我要感谢得克萨斯大学建筑系视觉资料中心的伊丽莎白·肖布、摄影师夏洛特·皮克特；亚利桑那建筑档案馆的南希·斯帕若。我对允许使用其照片的下列人员也心存感激：布切克·亚利桑那、拉里·多尔、辛克·布莱克、劳伦斯·斯派克、比尔·考克斯、格雷格·赫斯利、巴尔塔萨·克拉布、布拉特、鲍克斯和亨德森的档案资料；我还要特别感谢得克萨斯大学建筑系的视觉资料中心。

我要十分感谢得克萨斯大学出版社那些与我合作过的敬业的工作人员，包括特丽莎·梅，她鼓励我制订一个计划；吉姆·伯尔，他精心指导我如何统筹书稿；以及那些对我的初稿提出批评意见的读者们。

豪·鲍克斯

单位换算

　　本书原文为英文，书中多使用英制单位，中文版为避免正文中因单位换算出现大量非整数词而影响阅读体验，故在此处列出书中出现的英制单位与公制单位的换算对照表，供读者参考。

英制单位	公制单位
1 英寸	约 2.54 厘米
1 英尺	约 30.48 厘米
1 英里	约 1.61 千米
1 平方英尺	约 0.09 平方米
1 英亩	约 4048.58 平方米